# 自动调节系统解析与PID整定

白志刚　编著

ZIDONG TIAOJIE XITONG JIEXI
YU PID ZHENGDING

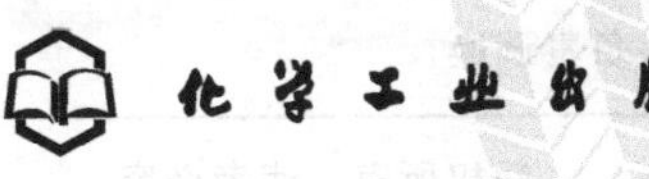


·北京·

**图书在版编目（CIP）数据**

自动调节系统解析与PID整定/白志刚编著. —北京：化学工业出版社，2012.5（2025.2重印）
从新手到高手
ISBN 978-7-122-13820-0

Ⅰ. 自…　Ⅱ. 白…　Ⅲ. ①自动调节系统-研究②PID控制-研究　Ⅳ. ①TP272②TP273

中国版本图书馆CIP数据核字（2012）第048938号

责任编辑：宋　辉　　　　装帧设计：王晓宇
责任校对：洪雅姝

出版发行：化学工业出版社（北京市东城区青年湖南街13号　邮政编码100011）
印　　装：北京捷迅佳彩印刷有限公司
710mm×1000mm　1/16　印张12½　字数154千字
2025年2月北京第1版第15次印刷

购书咨询：010-64518888　　　　售后服务：010-64518899
网　　址：http://www.cip.com.cn
凡购买本书，如有缺损质量问题，本社销售中心负责调换。

**定　　价：48.00元**

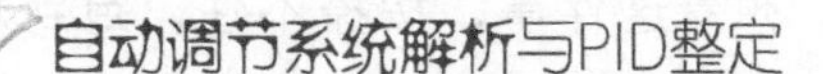


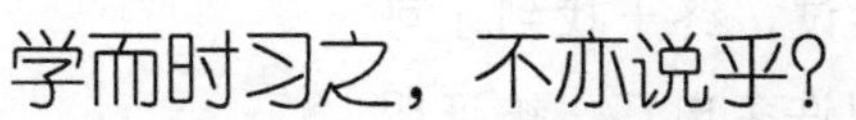

# 学而时习之，不亦说乎?

## （代前言）FOREWORD

孔子说:“学而时习之，不亦说乎”。这个“习”字，大有讲究。上学的时候，课本上说，习，是复习的意思。学习并且经常复习，很快乐么? 不见得，我似乎没有见过某人在没有升学、求职的压力下，拿着本书反复复习的。

**那么“习”到底是什么意思?**

说文解字上说:“習，数飞也，从羽从白。白者，自也。”也就是说，鸟儿自己在天上飞；但还是搞不清本意。笔者不揣浅陋，自己解释一下:习，实践；小鸟自己尝试着飞翔，实践的意思。

**有点牵强，可是也说得通吧?**

学习经常实践，是很快乐的事情。

小时候，跟弟弟一起学骑自行车，似乎学会了，乐而不疲地反复骑，我们争抢着骑，不亦说乎?

笔者做自动调节这一行工作已经二十多年了。应该说，自参加工作第 10 年起，也就是 2000 年前后，基本上掌握了自动调节的基本理论和方法。有些独创的方法，是在以后的工作中自己摸索到的。比如汽包水位调节系统中，那个“变态调整”的方法。

当时，锅炉的给水流量波动大，好几个有经验的老师傅尝试过多种方法，还是整定不好。自己就下决心要整定好这套系统。每天白天消除完缺陷后，就一直盯着这套系统研究。晚上吃过晚饭，还

想着这件事，按捺不住，跑到现场观察到半夜12点。经过大约一个月的摸索与尝试，终于找到了可行的解决办法。这个方法应用到许多电厂，被证明非常好用。

后来的工作中，有机会再次审视自己的经验和理论。为了相互验证，不得不再次拿出以前学过的书本，重新再学习。一个人的进步，最好的流程也应该是这样的：学习——实践——再学习——再实践，如此循环。

有了想法，然后去尝试，看到底行不行。最终调试好了这个系统，不亦说乎？

后来，有些人向笔者学习自动调节系统，我虽不厌其烦地讲解，却总是很难说明白。后来感觉到，仅仅凭一两个小时的时间，让人明白自动调节的真谛，是很困难的。

再后来，网上也有许多人问该怎么整定参数，笔者想从头说明白，就回复了很多。慢慢的，有人问：为什么不写成一本书呢？

写书是从来不敢想的事情，总以为那是学者们干的。

可是通过给别人讲解，慢慢发现，写的内容也有那么几万字了。

本人还喜欢历史。搞了自动调节后，也研究了自动调节的历史，发现国内对自动调节的发展历史，有些地方有一些误解，于是我也发帖子纠正这些说法。

突然有一天，我发现，整理一下，真成了一本书的结构了。

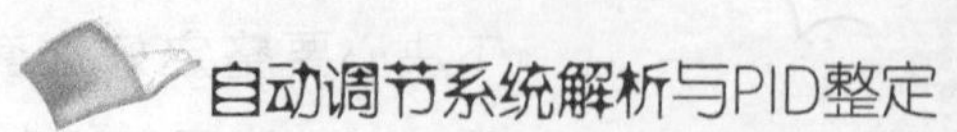

这就是这本书的由来。

我没有太高深的理论水平，在学校学习的一点公式推导，早早的就归还给老师了。而且我相信大多数专工跟我一样，不耐烦看那些理论推导——当然，遇到了细节问题，还必须要查看公式不可，因为只有公式，才能给你最准确的定义，别人的口述总有表达不清的可能。所以，在写这本书的时候，就一直想着，怎么用大家都能接受的大白话，把这个问题说明白，让看了这本书的人，再去实践一下就能够做好。

这本书，从自动调节的历史说开去，一直说到一些比较困难和复杂的问题。笔者的初衷是：让有疑问的，查到某些章节，可以解惑；让初学者，认真看了第二章，明白方法；认真看了第三章，知道解决问题的思路；让有经验的人，权当是看故事，也算有点收获。

看过这本书后，读者一定不会马上会整定参数，一定还需要大量练习，大量实践整定，才能够真正掌握方法。还是那句老话：

学而时习之，不亦说乎？

**白志刚**

目录 CONTENTS

目录 CONTENTS

目录 CONTENTS

## 目录 CONTENTS

# 引子

杨过出了一会神，再伸手去拿第二柄剑，只提起数尺，呛啷一声，竟然脱手掉下，在石上一碰，火花四溅，不禁吓了一跳。

原来那剑黑黝黝的毫无异状，却是沉重之极，三尺多长的一把剑，重量竟自不下七八十斤，比之战阵上最沉重的金刀大戟尤重数倍。杨过提起时如何想得到，出手不意的手上一沉，便拿捏不住。于是再俯身拿起，这次有了防备，拿起七八十斤的重物自是不当一回事。看剑下的石刻时，见两行小字道：

“重剑无锋，大巧不工。四十岁前恃之横行天下。”

过了良久，才放下重剑，去取第三柄剑，这一次又上了个当。他只道这剑定然犹重前剑，因此提剑时力运左臂。那知拿在手里却轻飘飘的浑似无物，凝神一看，原来是柄木剑，年深日久，剑身剑柄均已腐朽，但见剑下的石刻道：

“四十岁后，不滞于物，草木竹石均可为剑。自此精修，渐进于无剑胜有剑之境。”

金庸笔下的一代大侠杨过，为什么会发生连续两次发生拿剑失误呢？原因很简单，因为他没有学过自动调节系统啊！可见自动调节系统存在于生活的方方面面，何其平常，又何其重要！嘿嘿。

下面咱们就来说说自动调节系统，它到底是怎么回事，到底是谁先发现的，到底该怎么应用。

自动调节系统说复杂其实也很简单。其实每个人从生下来以后，就逐渐地从感性上掌握了自动调节系统。

比方说桌子上放个物体，样子像块金属，巴掌大小。你心里会觉得这个物体比较重，就用较大力量去拿，可是这个东西其实是海绵做的，外观被加工成了金属的样子。手一下子“拿空了”，这是怎么回事？——比例作用太强了。导致你的大脑发出指令，让你的手输出较大的力矩，导致“过调”。

还是那个桌子，还放着一块相同样子的东西，这一次你会用较小的力量去拿。可是东西纹丝不动。怎么回事？原来这个东西确确实实是钢铁做的。刚才你调整小了比例作用，导致比例作用过弱。导致你的大脑发出指令，命令你的手输出较小的力矩，导致“欠调”。

还是那个桌子，第三块东西样子跟前两块相同，这一次你一定会小心点了，开始力量比较小，感觉物体比较沉重了，再逐渐增加力量，最终顺利拿起这个东西。为什么顺利了呢？因为这时候你不仅使用了比例作用，还使用了积分作用，根据你使用的力量和物体重量之间的偏差，逐渐增加手的输出力量，直到拿起物品以后，你增加力量的趋势才得以停止。

这三个物品被拿起来的过程，就是一个很好的整定自动调节系统参数的过程。

前面咱们说的杨过拿剑也是一个道理。当他去拿第二柄剑的时候，心里已经预设了比例带，可惜比例带有点大了，用的力量不够，所以没有拿起来。他第二次拿重剑，增强了比例作用，很容易就拿起来重剑。

可是当他拿第三柄剑的时候，没有根据被调节对象的情况进行修改，比例作用还是很大，可是被调量已经很轻了，所以“力道”用过头了。

书归正传。

很久以前，我觉得自动控制很难。老师给我找到了整定口诀，我还是不知道怎么应用。

相信大家都见过那个 PID 整定口诀。不嫌麻烦，兹抄录如下：

> 参数整定找最佳，从小到大顺序查。
> 先是比例后积分，最后再把微分加。
> 曲线振荡很频繁，比例度盘要放大。
> 曲线漂浮绕大弯，比例度盘往小扳。
> 曲线偏离回复慢，积分时间往下降。
> 曲线波动周期长，积分时间再加长。
> 曲线振荡频率快，先把微分降下来。
> 动差大来波动慢，微分时间应加长。
> 理想曲线两个波，前高后低四比一。
> 一看二调多分析，调节质量不会低。

这个口诀对不对？对。现在审视一下，没有一点错误。可是，对于当初初学者的我，还是不能判断怎么算绕大弯，怎么叫做快怎么叫做慢。我估计对于诸位读者，到底怎么算快怎么算慢，也不见得几个人能彻底说清楚。

解答之前，先别急，我一点点把事情的经过说出来。

Chapter 1

# 第一章 PID诞生记

自文艺复兴以来，科学家们被无数的科学成就鼓舞着，突破一个又一个难题，最终，充分揭示了能量、质量、效率、运动之间的关系，并把它们准确概括为一个个美妙的公式。宇宙的神秘面纱通过这些公式，被慢慢地揭开了。

有一门学科很神奇。

“它完全不去考虑能量、质量和效率等因素”（钱学森《工程控制论》），在别的学科中，这些因素是必须被研究的。并且，虽然它不用考虑这些因素，却完成了对这些因素的控制调节功能。如果说这个世界是艘船，那这门学科就是船舵；如果说这个世界是一辆车，那么这门学科就是车把。目前所有在从事这项工作和研究的人，却不都知道自己有这么大的权力和力量。本章的前一部分，就是要告诉你：你所从事的行业是多么伟大神奇。自豪吧，自动调节的工程师们！

是的，这门学科就是自动调节，更多的人说是自动控制。为什么说“调节”而不说“控制”，咱们慢慢感悟。

自动调节，又称自动控制，如今已经涵盖了社会生活的方方面面，在工程控制领域属于应用最普遍的范畴之一，在生物、电子、机械、军事等各个领域，甚至连政治经济领域，似乎也隐隐存在着自动控制的原理。可是考察自动控制的发展历程，从公认的有着明确的控制系统产生的19世纪以来，其历史也就短短的一百多年。而自动控制理论诞生的成熟的标志——《控制论》，其产生时间在1948年，至今也不过60余年的历史。60年来，尤其在工程控制领域，自动控制得到了极其普遍的应用，取得了辉煌的效果。

## 一、中国古代的发明

学术界曾经对中国古代的自动调节机构进行了发掘，认为中国古代也存在着一些符合自动调节规律的机构。因而我们可以自豪地宣称：“中国古代有自动装置”（摘自1965年，自动控制专家万百五《我国古代自动装置的原理分析及其成就的探讨》)。

1991年万百五又补充新材料为《中国大百科全书：自动控制与系统工程卷》写成新条目“我国古代自动装置”。文中例举：指南车是采用扰动补偿原理的方向开环自动调整系统；铜壶滴漏计时装置是采用非线性限制器的多级阻容滤波；浮子式阀门是用于铜壶滴漏计时装置中保持水位恒定的闭环自动调节系统，又是用于饮酒速度自动调节器；记里鼓车是备有路程自动测量装置的车；漏水转浑天仪是天文表现仪器采用仿真原理的水运浑象；候风地动仪是观测地震用的自动检测仪器；水运仪象台是采用仿真原理演示或观测天象的水力天文装置，内有枢轮转速恒定系统是采用内部负反馈并进行自振荡的系统。

我们公认的自动调节机构的诞生，应该是瓦特的蒸汽机转速调节机构（见图1-1)。蒸汽机的输出轴通过几个传动部分，最终连接着两个小球，连接小球的棍子的另一端固定。蒸汽机转动的时候，传动部分带动两个小球旋转，小球因为离心力的原因张开，小球连杆带动装置控制放汽阀。如果转速过快，小球张开就大，放汽阀就开大，进汽减少，转速就降低。

可以看出，这是个正作用调节系统。虽然没有任何电子元器件，可是它确确实实就是一个自动调节系统。虽然没有资料表明它如何调节参数，可是可以想象影响调节参数的因素：小球的位置。小球越靠近连杆根部，抑制离心力的力量就越小，比例作用越大。其中包含了自动调节的几个必要条件：

① 输出执行机构有效控制被调量；

② 被调量参与调节；

③ 调节参数可以修改（修改小球的重量或者摆干的长度)。

而我们目前所看到的中国古代自动调节例子都不能全部符合上述特征。有的情况只是跟自动调节系统中某一个特点有些类似。因此，严格地说，它们不能算得上自动调节机构。

同样的道理，我们考察欧洲的自动发展历程，也不能把水钟等物品纳入严格的自动调节系统的范畴。

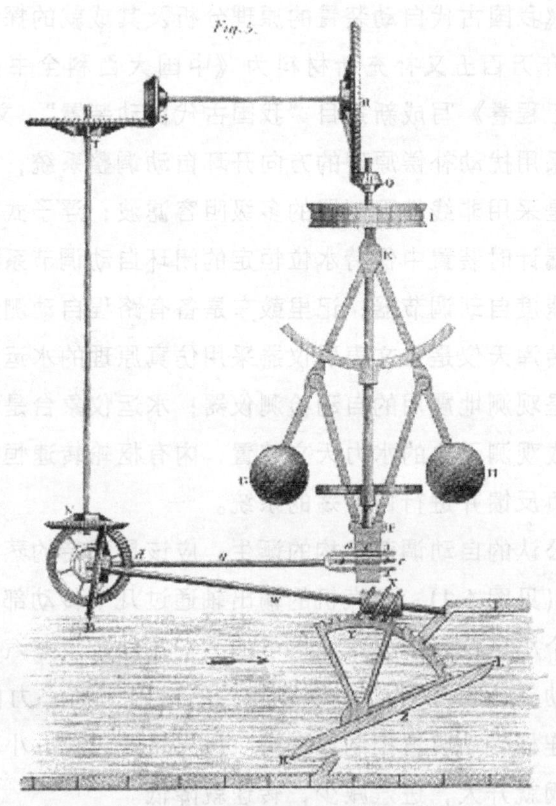


图 1-1　瓦特的蒸汽机转速调节机构

## 二、没有控制理论的世界

虽然说人（甚至连动物都是）从生下来就在掌握自动调节系统，并且在儿童时期就是一个自动调节系统的高手，可以应付很复杂的自动调节系统了，那么我们国家5000年的文明，就没有发展出一条自动调节理论么？

很遗憾地告诉您，没有。

自动调节系统的理论，是针对工业过程的控制理论。以前我们国家没有一个完整的工业结构，所以几乎不可能发展出一条自动调节理论。即使是工业化很早了的欧美，真正完整的自动控制理论的确立，也是很晚的事情了。

咱先把理论的事情放到一边，先说说是谁先弄出一套真正的自动调节系统产品的吧。

大家都知道蒸汽机是瓦特发明的，可是实际上在此之前还有人在钻研蒸汽推动技术。不嫌累赘的话，在此罗列一下研究蒸汽推动的历史。没有兴趣的可以跳过不看。1606 年，意大利人波尔塔（公元 1538—1615 年）在他撰写的《灵学三问》中，论述了如何利用蒸汽产生压力，使水槽中的液位升高。还阐述了如何利用水蒸气的凝结产生吸力，使液位下降。在此之后，1615 年法国斯科，1629 年意大利布兰卡，1654 年德国发明家盖里克，1680 年荷兰物理学家惠更斯，法国物理学家帕潘，随后的英国军事工程师托玛斯·沙弗瑞都先后进行了研究。这些研究仅仅是初步探索阶段，还用不到自动调节。1712 年英国人托马斯·纽考门（公元 1663—1729 年）发明了可以连续工作的实用蒸汽机。

可是为什么我们都说蒸汽机是瓦特发明的，不说是纽考门发明的呢？因为他的蒸汽机没有转速控制系统，转速不能控制的话，后果可想而知。纽考门的蒸汽机因为无法控制，最终不能应用。瓦特因为有了转速控制系统，蒸汽机转速可以稳定安全地被控制在合理范围内，瓦特的名字就被写到了教科书上。

从瓦特之后，工业革命的大门就打开了。我们记住了瓦特，一部分原因就是：他有了可靠的自动调节系统。否则，他的蒸汽机就没有办法控制，要么转速过低，要么转速过高造成危险事故。

瓦特之后的一段时间内，虽然工业革命发展迅速，自动调节系统也有了一个方法，可是没有一个清晰的理论作指导，自动控制始终不能上一个台阶。

1868 年，英国物理学家马克斯威尔（J. C. Maxwell）研究了小球控制系统，用微分方程作为工具，讨论了系统可能产生的不稳定现象。在他的论文《论调节器》中，指出稳定性取决于特征方程的根是否具有负的实部，并给出了系统的稳定性条件。Maxwell 的工作开创了控制理论研究的先河。这是公认的第一篇研究自动控制的论文。

马克斯威尔先生深刻认识到工业控制对控制理论的需要。因而他不仅自己对控制系统进行研究，而且鼓励引导科学家们去更多关注自动理论的研究工作。后来，他担任了剑桥一个学会的评奖委员，这个奖每两年评一次。在他评奖的时候（1877 年），发现了一个自动控制的人才。这个人就是 Routh，我们中国人叫他劳斯。

当时劳斯先生的论文主题是“运动的稳定性”。他解决了马克斯威尔的一个关于五次以上多项式对于判定系统稳定性的难题，最终劳斯获得了最佳论文。后来，人们把这个判断稳定性方法，叫做劳斯判据。

也许是当时的科学交流还不够发达，有些科学家竟然不知道劳斯判据。瑞典科学家胡尔维茨就不知道这个劳斯判据。1895 年，胡尔维茨先生为瑞士一个电厂的汽轮机设计调速系统，他研究问题的时候习惯于从数学角度考虑其可行性。结果他也跟劳斯一样，根据多项式的系数决定多项式的根是否具有负实部。胡尔维茨这一次不是纯理论研究，而是要解决火电厂的实际问题的，最后，胡尔维茨获得了把控制理论应用到实际控制的第一人的桂冠。后来我们就把这个稳定性判据称为劳斯胡尔维茨判据。

1892 年，俄罗斯数学力学家 A. M. Lyapunov 发表了一篇博士论文，研究“运动稳定性的一般问题”——稳定性，直到现在，始终是自动调节工作者关心的问题。

通过科学家们的努力，人们基本上可以做到粗略地控制一个系统了。真要精细控制系统，人们还缺少一个重要的认识：信息的采纳。据说这个认识也来源于一个小小的传奇，跟牛顿看见苹果发现了万有引力差不多。

## 三、负反馈

一切事物的发展都有着清晰的脉络，控制论也是这样。直到

20世纪中叶，工业控制首先要解决的，就是怎么能够稳定地让系统进行控制工作。所以科学家们更多考虑的，是控制系统的稳定性。

20世纪30～40年代，人们开始发现控制信息的重要。比较传奇的故事，是讲述一个叫做哈罗德·布莱克（Harold Black）的人。布莱克当时才29岁，电子工程专业毕业6年来，在西部电子公司工程部工作。西部电子公司知道的人不多，可是提起贝尔实验室（Bell Labs）来，可能许多人都知道。在1925年，贝尔实验室成立，这个工程部成为贝尔实验室的核心。当时他在研究电子管放大器的失真和不稳定问题。怎样控制放大器震荡，始终解决不好。1928年8月的一天，布莱克早上上班，可能是必须要坐轮渡。他坐在船上还在思索这个问题，突然灵感来临，想到了抑制反馈的办法，也许可以用牺牲一定的放大倍数来解决，具体的解决办法，就是用负反馈来抑制震荡。为了捕捉住这个灵感，布莱克抓住手边的一份报纸，写下了这个想法。为了记住这个具有天才想法的一刻，贝尔实验室保存了这张《纽约时报》。

现在我们都知道了，要想让一个放大器稳定，需要用到负反馈。布莱克和同事们后来向专利局提出了总共52页一百多项的专利申请，迟迟没有通过。布莱克先生就继续研究负反馈放大器的电路，9年之后他们研制出了实用的负反馈放大器，专利终获批准。

负反馈放大器的方法有了，但是怎样预先界定系统震荡与不震荡呢？1932年美国通信工程师哈里·奈奎斯特（Harry Nyquist）发现电子电路中负反馈放大器的稳定性条件，即著名的奈奎斯特稳定判据。1934年，乃奎斯特也加入了贝尔实验室。

至此，自动控制的准备工作差不多了，但是我们还要介绍一下让我们许多人都感到头疼，或者在实际应用过程中懒得运用的传递函数，我们每个学习自动控制的人在学校都要学习的。

早在 1925 年，英国电气工程师亥维赛就把拉普拉斯变换应用到求解电网络的问题上。后来拉普拉斯变换就被应用到调节系统上，得到了很好的效果。乃奎斯特以后，数学家哈瑞斯也开始研究负反馈放大器问题。1942 年，他用我们目前已经熟悉的方框图、输入、输出的方法，把系统分为若干环节，并引入了传递函数的概念。

在自动控制的接力赛的中间环节，我们看到电子电路也加入了进来。可是电子电路仅仅算是“插班生”。当时，对电子电路本身并没有考虑到要去影响自动调节系统。放大器理论与自动控制理论可是说是两条线。那么，是谁让这两条线相交了呢？

## 四、控制论

1945 年，美国数学家维纳把乃奎斯特的反馈概念推广到一切工程控制中，1948 年维纳发表奠基性著作《控制论》。这本书的副标题是“关于动物和机器中控制和通信的科学”。

在此之前西方没有控制论这个词。最早使用控制论这个词语是法国的物理和数学家安培先生（André-Marie Ampère）。1834 年他曾经给关于国务管理的科学取了个名字：控制论（cybernetique）。他计划用多种学科的研究把国家的国务管理科学化。

但是军事战争中，对武器的操控需求却大大刺激了自动调节的发展。这一点在后面会有讲述。

维纳先生借助于安培的想法，把他关于自动控制的理论称之为：cybernetics——对电子、机械和生物系统的控制过程的理论性研究，特别是对这些系统中的信息流动的研究。

维纳少年时期就是天才，用咱们的话说是神童。11 岁就上了大学。这个天才兴趣广泛，除了专业之外，还喜欢物理、无线电、生物和哲学。这在当时可能都属于比较热门的学科。14 岁他又考入了哈佛大学研究生学院，学习生物学和哲学。18 岁获得了哈佛大学数理逻辑博士学位。可能是他的成绩比较突出，后来又专门去欧洲向罗素和希尔伯特学习数学。因为他对多种学科都有深入的研究，使得能够触类旁通，并且能把相邻学科的一些知识方法，应用到另外的学科当中。

第二次世界大战期间，维纳参与研究美国军方的防空火力自动控制系统的工作。咱们可以大致说一下这种系统的情况。

假如前面来了一架敌机，当时要打下来这架敌机，需要知道敌机的方位、高度、速度这些量，然后根据这几个量算出提前量。也就是说，防空炮要把目标指向飞机前面一段距离，等到打出去的炮弹到达飞机的高度的时候，飞机正好飞到炮弹周围。注意，不是要炮弹贯穿飞机，那样概率太低，而是让炮弹在这个时候正好爆炸，依靠爆炸的力量把飞机摧毁。这种情况下，我们不仅仅需要敌机的方位、高度、速度，还要计算出提前量和爆炸时间，并且有专门一个人管炸弹的引信，设定几秒钟后爆炸。

这样一个系统是比较复杂的，维纳在研究过程中，提出了一个重要概念：负反馈。搞自动控制的都知道，一个控制系统中，负反馈回路可以使得系统稳定，正反馈使得系统发散。

## 五、PID

在自动调节的发展历程中，PID 的创立是非常重要的一环。PID，就是对输入偏差进行比例积分微分运算，用运算的叠加结果去控制执行机构。关于 PID 的整定方法，后面还要多次讲述。

PID 的表述是这么的简单，应用范围却是无比的广泛。从洗澡水的控制到神七上天，从空调控温到导弹制导，从能源、化工到家电、环保、制造、加工、军事、航天等等，都有它的影子，都可以看到它在发挥作用。

那么，PID 是谁创立的呢?

为了寻找这个问题的答案，我花费了不少精力。百家讲坛里面王广雄教授说是尼克尔斯（Nichols）创立的，可是我找不到更多的佐证。我所能找到的是齐格勒（Zegler）和尼克尔斯想出了对PID参数进行整定的办法。以至于后来一些人干脆把经典的PID控制叫做尼克尔斯PID。但是从我所能找到的资料来看，这个提法的佐证不多。

后来，山东建筑大学魏建平老师帮助我找到了1936年的美国专利文献《Automatic Control of Variable Physical Characteristics》(变物理量的PID控制)(美国专利，专利号2,175,985，美国存档时间：1936年2月17日，大不列颠存档时间：1935年2月13日；1939年10月10日批准美国专利申请)。由此基本搞明白了PID的创立过程。在此鸣谢魏建平老师。以下关于PID创立的资料基本是在魏老师提供的基础上整合了其他资料形成的。

从前面的叙述可以看到，自动调节的发展历程，与两个情况有关：当时工业控制的要求和自动控制理论的研究。而PID控制器的发展，与自动化仪表，特别是一些处于世界领先地位的自动化仪表公司息息相关，同时也与工业实践紧密联合。

了解自动调节的人，经过分析应该可以看出来：当初瓦特所用的小锤控制转速，实际上是纯比例调节。调节杠杆的长度就是改变比例带。

比例作用比较容易被人理解。后来工业领域的控制器都只有比例作用。如1907年，美国C. J. Tagliabue公司在纽约的一家牛奶巴士灭菌器生产厂里安装了第一台气动自动温度控制器。采用气动控制，测量单元用的是压差，通过不锈钢温度计的水银推动舵阀，舵阀控制空气压力作用到主阀上，主阀来调整对象的流量。该控制器从原理上讲是比例控制。

但是直到这个时候，所谓的比例控制，也没有明晰的提法。

在应用过程中，人们发现这种控制方法有很大局限。最主要的问题是系统被调对象很不容易达到要设定的目标值，我们现在称之为存在静态偏差。科学家和工程师们为此又继续努力了。

到了 1929 年，Leeds&Northrup 公司生产出一种他们称为具有“比例步”（Proporational step）控制动作的电子机械控制器，即 PI 控制器。注意，这个公司把比例控制由自觉变成了有意，并且也注意到了积分作用。

但是这个公司的产品并没有影响到整个控制界，似乎他们的思想也没有给后来的自动控制带来太大影响。其他公司还在继续探索。

1939 年，Foxboro 仪器公司为了克服静态偏差问题，想了一个方法：手动增强调节系统的比例作用，使得系统调节“恰好”弥补偏差。他们称之为“重置”（hyper-reset）。后来人们专门设置了自动重置技术（Automatic reset），每一时刻都根据上一时刻的偏差，自动修改系数，使得偏差不为零的时候，执行机构一直动作下去，很明显，这就是积分作用了。后来，某些专业的人们至今还把这个积分参数称之为“重置率”。Foxboro 仪器公司的 Stabilog 气动控制器中加入了 hyper-reset 技术。

同年，Taylor 仪器公司发布了一款全新设计的气动控制器：Fulscope，新仪器提供了“预动作”（pre-act）控制作用。这个所谓的预动作，就是微分作用。后来的相当长的时间内，微分作用都被称作“预动作”。

从上面可以看出，PID 已经诞生了。但是我们常规上不说 PID 的创立者是上述的公司。而是另有其人。为什么呢？上面所述的功能虽然等同于 PID 的功能，但是与真正意义的 PID 还是有所不同的，它们只是在实际使用意义上等同于积分微分环节。真正彻底清晰的 PID 理论其实早几年就提出了，提出者在大洋彼岸的英国。

1936年，英国诺夫威治市帝国化学有限公司（Imperial Chemical Limited in Northwich, England）的考伦德（Albert Callender）和斯蒂文森（Allan Stevenson）等人给出了一个温度控制系统的PID控制器的方法，并于1939年获得美国专利。从美国专利局的网站上，可以找到当年获得专利的PID计算公式：

$$K_1\int\theta dt + K_2\theta + K_3\frac{d\theta}{dt}$$

这个公式与我们现在使用的PID公式已经没有很大区别。式中，$\theta$代表温度。只是当时把比例积分微分的增益倍数分开了，可以想象当初这样做的原因：用$K_1$来确定积分的强度（斜率），用$K_3$来确定微分的强度。

这真是一个美妙的、简洁的、普适的思想。

## 六、再说负反馈

前面说了，维纳在上学期间，精通数学、物理、无线电、生物和哲学。而在电子领域，乃奎斯特已经提出了负反馈回路可以使得系统稳定这个概念。维纳通过在电子学领域的知识，在控制领域取得了重大突破。

其实瓦特的蒸汽转速控制系统，本身也不知不觉地应用了负反馈系统：转速反馈到连杆上后，控制汽阀关小，使得转速降低。只是瓦特没有把这个机构中的原理提炼出来，上升到理论高度。说着容易做着难，这个理论经过了200年才被提出来。

负反馈理论应用非常广泛。维纳本人研究的物理、无线电、生物学，在这些领域都广泛的应用着负反馈原理，这些学科很可能都给他提出负反馈理论以支持。不光物理、无线电、生物学使用负反馈，也不光工业控制使用负反馈，大到国家宏观调控，小到个人的行为，无不出现负反馈的身影。

国家每一项宏观调控政策出台后，总要收集各种数据观察政策发布后的效果，这个收集的信息叫反馈。对收集到的信息如何处理呢？比如发现政策使得经济过热了，那么下一步就要修改政策，抑制经济过热。我们总要把这个信号进行相反处理，这个对收集到的信号进行相反处理的办法叫做负反馈。

维纳当年就认识到反馈信息过量的后果。这里还涉及一个问题，就是控制过度，使得系统发生震荡。控制过度其实就是比例带过小。负反馈是不是过量，也跟比例带的设置有关系。这些个问题在后面的“稳定性”章节中具体探讨。

我们走路的时候，不能闭着眼睛，因为眼睛是检测环节。大脑收集到检测信息以后，一定会进行负反馈处理。为什么是负反馈呢？走路的时候，眼睛看路，它会告诉你信号：偏左了，偏右了，然后让你脑子进行修正。信号发到大脑里面后，大脑里要对反馈信号与目标信号相减，然后进行修正。偏左了就向右点，偏右了就向左点。对这个相减的信号就是负反馈。

但是，向左走还是向右走，那仅仅是对怎样走路给了一个大致的方向。具体每一步走多大，向左向右偏多少，还要进行具体计算。前面说的都是定性的问题，步子走多大，向左右偏多少是定量的问题。光定性不定量还是没办法控制的。后面还会介绍如何定量。

## 七、IEEE

IEEE是国际电工协会的简称。它致力于控制系统中理论和实践的探讨。我们之所以把IEEE作为自动控制历史的一部分，是因为它为自动控制的发展做出了很大贡献，并且在将来还会不断地做出贡献。如果说以前自动控制的科学家们基本上算是单兵作战的话，那么IEEE可以说是集群作战了。

IEEE诞生于1954年。目前有三个期刊：《控制系统杂志》(Control Systems Magazine)，《自动控制学报》(Transactions on Automatic Control)和《控制系统技术学报》(Transactions on Control Systems Technology)。会议与会员的研究，基本上

代表了自动控制的发展水平。

通过会员之间的交流，产生集群效应，学会有力地推动着自动调节技术的发展。

## 八、自动控制发展里程碑

任何学科发展史，都是由无数的科学家的名字和著作串联起来的。任何学科的发展史，也总有几个人物著作特别显眼明亮，我们称之为里程碑。

在自动控制发展历史上，有无数科学家的辛勤努力，都值得我们景仰。其中，奠定了自动控制基础的两本著作最值得我们关注。

一是《信息论》，作者香农（Claude Elwood Shannon）。1948年，香农在《贝尔系统技术杂志》第27卷上发表了一篇论文：《通讯的数学理论》，1949年又发表《噪声中的通讯》。这两篇文章奠定了《信息论》的基础。

二是《控制论》，作者维纳。前面已经介绍了。

PID控制法的创立是自控发展中重要的里程碑。虽然说现在诞生了形形色色的先进控制方法，许多可以代替PID控制法，可是到目前为止，没有任何一种新的控制法有PID应用这么广泛。并且，新兴的先进控制法中，有许多也融合进了PID的控制原理，或者干脆叠加上PID控制法。

在这里附上由Vance J. VanDoren收集的PID控制器大事记(年表)(原文：《PID：控制领域的常青树》)。

1788年：James Watt为其蒸汽机配备飞球调速器，这是第一种具有比例控制能力的机械反馈装置。

1933年：Tayor公司（现已并入ABB公司）推出56R Fulscope型控制器，产生第一种具有全可调比例控制能力的气动式调节器。

1934～1935年：Foxboro公司推出40型气动式调节器，这是第一种比例积分式控制器。

1940年：Tayor公司推出Fulscope 100，这是第一种拥有装在一个单元中的全PID控制能力的气动式控制器。

1942年：Tayor 公司的 John G. Ziegler 和 Nathaniel B. Nichols公布著名的Ziegler-Nichols整定准则。

第二次世界大战期间，气动式PID控制器用于稳定火控伺服系统，以及用于合成橡胶、高辛烷航空燃料及第一颗原子弹所使用的U-235等材料的生产控制。

1951年：Swartwout公司（现已并入Prime Measurement Products公司）推出其Autronic产品系列，这是第一种基于真空管技术的电子控制器。

1959年：Bailey Meter公司（现已并入ABB公司）推出首个全固态电子控制器。

1964年：Tayor公司展示第一个单回路数字式控制器，但未进行大批量销售。

1969年：Honeywell公司推出Vutronik过程控制器产品系列，这种产品具有从负过程变量而不是直接从误差上来计算的微分作用。

1975年：Process Systems公司（现已并入MICON Systems公司）推出P-200型控制器，这是第一种基于微处理器的PID控制器。

1976年：Rochester Instrument systems公司（现已并入AMETEK Power Instruments）推出Media控制器，这是第一种封装型数字式PI及PID控制器产品。

1980年至今：各种其他控制器技术开始从大学及研究机构走向工业界，用于更为困难的控制回路中。这其中包括人工智能、自适应控制以及模型预测控制等。

## 九、调节器

在进一步理解PID之前，我们先要理解一个最基本的概念：

调节器。

调节器是干什么的？调节器就好比人的大脑，就是一个调节系统的核心。任何一个控制系统，只要具备了带有PID的大脑或者说是控制方法，那它就是自动调节系统。

如果没有带PID的控制方法呢？那可不一定不是自动调节系统，因为后来又涌现各种控制思想。比如模糊控制，以前还有神经元控制等；后来又产生了具有自组织能力的调节系统，说白了也就是自动整定参数的能力；还有把模糊控制，或者神经元控制与PID结合在一起应用的综合控制等。在后面还会有介绍。本书只要不加特殊说明，都是指的是传统的PID控制。可以这样说：凡是具备控制思想和调节方法的系统都叫自动调节系统。而放置最核心的调节方法的器件叫做调节器。

基本的调节器具有两个输入量：被调量和设定值。被调量就是反映被调节对象的实际波动的量值。比如水位、温度、压力等；设定值顾名思义，是人们设定的值，也就是人们期望被调量需要达到的值。被调量肯定是经常变化的。而设定值可以是固定的，也可以是经常变化的，比如电厂的AGC系统，机组负荷的设定值就是个经常变化的量。

基本的调节器至少有一个模拟量输出。大脑根据情况运算之后要发布命令了，它发布一个精确的命令让执行机构去按照它的要求动作。在大脑和执行机构（手）之间还会有其他的环节，比如限幅、伺服放大器等。有的限幅功能做在大脑里，有的伺服放大器做在执行机构里。

上面说的输入输出三个量是调节器最重要的量，其他还有许多辅助量。比如为了实现手自动切换，需要自动指令；为了安全，需要偏差报警等，这些可以暂不考虑。为了思考的方便，只要记住这三个量：设定值、被调量、输出指令。

事实上，为了描述方便，大家习惯上更精简为两个量：输入偏差和输出指令。输入偏差是被调量和设定值之间的差值。

## 十、再说 PID

在搞清楚调节器之后，我们可以回答这个问题：

PID 到底是什么？

P 就是比例，就是输入偏差乘以一个系数；

I 就是积分，就是对输入偏差进行积分运算；

D 就是微分，对输入偏差进行微分运算。

就这么简单。

其实这个方法已经被广大系统维护者所采用，通俗一点说，就是先把系统调为纯比例作用，然后增强比例作用让系统震荡，记录下比例作用和震荡周期，然后这个比例作用乘以 0.6，积分作用适当延长。虽然本书的初衷是力图避免繁琐的计算公式，而用门外汉都能看懂的语言来叙述工程问题，可是对于最基本的公式还要涉及一下的，况且这个公式也很简单，公式表达如下：

$$K_p = 0.6K_m$$

$$K_d = K_p \pi / 4\omega$$

$$K_i = K_p \omega / \pi$$

式中 $K_p$——比例控制参数；

$K_d$——微分控制参数；

$K_i$——积分控制参数；

$K_m$——系统开始振荡时的比例值；

$\omega$——极坐标下振荡时的频率。

这个方法只是提供一个大致的思路，具体情况要复杂得多。比如一个水位调节系统，微分作用可以取消，积分作用根据情况再调节；还有的系统超出常人的理解，某些参数可以设置得非常大或者非常小。具体调节方法后面会专门介绍。微分和积分对系统的影响状况后面也会专门分析。

科学家们都说科学当中存在着美。我的理解，那种美是力图用最简洁的定义或者公式，去描述宇宙万物的运行规律。比如牛顿的三大运动规律和他的加速度和力的关系的公式：$F=ma$。表达极其简洁，涵盖范围却非常之广，所以它们都很美。同样的，我们的 PID 调节法也是这样，叙述极简洁，可在调节系统中应用却极普遍。所以，不由得人不感叹它的美！不过说实话，PID 控制法虽然精巧，可是并不玄奥。

现在，世界控制理论有了更大的发展，涌现出了各种各样控制方法。比如神经元控制、模糊控制等，这些控制过程中，要是对控制系统要求更为精准严格的话，还是要用 PID 控制来配合的。并且，对于火电厂自动调节系统，几乎没有哪种系统用 PID 调节法不能实现。如果你认为你所观察的某个系统，单纯用传统的 PID 调节方法不能解决问题，那存在两个可能：一是你的控制策略可能有问题，二是你的 PID 参数整定得不够好。

PID 控制法已经当之无愧的成了经典控制方法。我们要讲的，也就是这种经典的 PID 控制。

# 第二章 吃透PID

Chapter 2

上一章简单介绍了自动调节的发展历程。搞自动控制的人，许多人对如何整定 PID 参数感到比较迷茫。课本上说：整定参数的方法有理论计算法和经验试凑法两种。

理论计算法需要大量的计算，对于初学者和数学底子薄弱的人会望而却步，并且计算效果还需要进一步的修改整定，至今还有人在研究理论确认调节参数的方法。所以，在实际应用过程中，理论计算法比较少。

经验试凑法最广为人知的就是第一章提到的整定口诀了。该方法提供了一个大致整定的方向性思路。早期整定参数，需要两只眼睛盯着数据看，不断地思考琢磨。上世纪 90 年代的时候，我就曾经面对着Ⅰ型和Ⅱ型仪表，就这么琢磨。如果是调节周期长的系统，比如汽温控制，需要耗费大量的时间。

科学发展到了今天，DCS 应用极其普遍，趋势图收集极其方便。对于单个仪表，也大都有趋势显示功能。所以，我们完全可以借助趋势图功能，进行参数整定。

我们可以依靠分析比例、积分、微分的基本性质，判读趋势图中比例、积分、微分的基本曲线特征，从而对 PID 参数进行整定。这个方法虽然基本等同于经验试凑法，但是它又比传统的经验试凑法更快速更直观，更容易整定。因而，我把这种依靠对趋势图的判读，整定参数的办法，称之为：

## 趋势读定法

趋势读定法三要素：设定值、被调量、输出。三个曲线缺一不可。串级系统参照这个执行。

这个所谓的趋势读定法，其实早就被广大的自动维护人员所掌握，只是有些人的思考还不够深入，方法还不够纯熟。这里我把它总结起来，大家一起思考。

提前声明：这些物理意义的分析，非常简单，非常容易掌握，但是你必须要把下面一些推导结论的描述弄熟弄透，然后才能够进行参数整定。

在介绍 PID 参数整定之前，先介绍一下自动调节系统的构成。

### （1）被调对象

也叫被调量，包括压力、温度、水位、流量、浓度、功率、转速、电压、电流、含量、位移、方向、比例等。电厂常用的是压力、温度、水位、转速、功率。

### （2）调节器

最初是单回路，后来发展到串级调节系统。现在一般书上把串级调节系统也叫做双回路。副调叫做内回路，主调叫做外回路，合称双回路。

这种叫法不大合适。为什么呢？因为当时只考虑到了两个 PID 串在一起组成一个调节系统，却没有考虑到两个 PID 不串在一起，却仍旧是一个调节系统的情况。所以给现在的表述造成困难。当时的标准：两个 PID 不串在一起，那就是两个调节系统。不一定的。比如两个互为备用的系统，控制的是一个被调量。有人说是两套系统，不妥。也有两个串级之间相互切换的，比如两个给水泵互为备用，调节汽包水位。它们都是控制一个被调量，应该算做一个调节系统。

更为复杂的，电厂的自控人员都知道协调系统。严格来说，协调包括了两套调节系统：功率回路和汽压回路。可是一般都说协调，基本上都说在一起了。当然，协调系统说成两个系统也未尝不可，毕竟它们各有各的被调量。

### （3）执行机构

执行机构应该包括执行器和阀门两大部分，分类很多。这一部分将在第四章 二、执行机构的种类中详细介绍。

## 一、怎样投自动

我刚上班的时候，对自动调节系统一窍不通。在学校仅仅学过一本《热力过程自动化》，一毕业都还给老师了。一上班为了跟上别人，狠劲学习电工电子，以为能维修执行器、变送器就可以做好自动工作了。后来一个师傅一句话点醒了我。他说："在自动专业，水平的高低最直接的衡量办法——会不会投自动，也就是看会不会整定参数。"当时我就想：自动该有多复杂多难学啊！

等我后来掌握了，突然觉得，原来整定参数是这么的简单！

原来整定参数是这么的简单！是的，其实很简单。记住：方法要对。确立了方法之后，下一番枯燥的功夫，观察分析尝试总结，由浅入深，最后你就一定能够投好一套简单的自动。复杂的自动还需要另外一项功夫：多学习，多与运行人员交流。

记住：多与运行人员交流。这是我告诉大家的第一条秘诀。聊天聊得好就等于看书了。有时候甚至比看书还好。

说了一个秘诀，干脆告诉你另一个秘诀：其实咱们前面说过了，要肯下一番枯燥的功夫，去了解比例积分微分的最基本最本质的原理。等到了解了比例积分微分的最基本原理，那你就能够判断它们是如何影响调节曲线的了，进而就能够整定参数了。

要掌握复杂的公式么？可以不掌握。当然，能掌握我也不反对，它们其实是很有用的。

成为行家原来这么简单。那么怎么判断一个人是不是自动的行家呢？很简单，我的经验，你只要看他观察哪些曲线就可以了。

## 二、观察哪些曲线

观察曲线是发现问题的最方便的办法。

现在 DCS 功能很强大，想收集什么曲线就收集什么曲线，只要这个测点被引入 DCS。最初可不是这样的。20 世纪 90 年代初我用的是 DDZ-Ⅱ型调节器，后来是 MZ-Ⅲ组件型调节系统，再后来是 KMM 调节器，后来才有了集中控制系统，再后来有了 DCS。前三种都不能显示曲线的。只能靠两只眼睛盯着指针或者数字，根据记忆去判断调节曲线，那个费劲啊！

那么到底要观察哪些曲线呢？

我们要收集的曲线有：

① 设定值——作为比较判断依据；

② 被调量波动曲线；

③ PID 输出。

就这么简单。如果是串级调节系统，我们还要收集：

④ 副调的被调量曲线；

⑤ PID 输出曲线。

为什么不收集副调的设定值了？因为主调的输出就是副调的设定啊。

在一个比较复杂的调节系统中，副调的被调量往往不只一个，那就有几个收集几个。

只有收集到了这些曲线后，你才能根据曲线的波动状况进行分析。

还有的调节系统更加复杂。投不好自动，总要去分析其原因，看看有什么干扰因素存在其中，你怀疑哪个因素干扰就把哪个曲线放进来。一般的 DCS 都支持 8 组曲线在一个屏幕中，如果放不下，你就考虑怎么精简吧。

不过现在咱们还没有到那个地步，复杂调节系统在后面介绍。

自动调节系统，最见功夫的，最考验能力的也就是 PID 参数的整定了。

照着下面的要求去做，一步步训练下去，保证你也成为整定 PID 的行家里手。

## 三、几个基本概念

**单回路** 就是只有一个 PID 的调节系统。

**串级** 一个 PID 不够用怎么办？把两个 PID 串接起来，形成一个串级调节系统。又叫双回路调节系统。在第三章里面，咱们还会更详细地讲解串级调节系统。在此先不作过多介绍。

**主调：**串级系统中，要调节被调量的那个 PID 叫做主调。

**副调：**串级系统中，输出直接去指挥执行器动作的那个 PID 叫做副调。主调的输出进入副调作为副调的设定值。一般来说，主调为了调节被调量，副调为了消除干扰。

**正作用：**比方说一个水池有一个进水口和一个出水口，进水量固定不变，依靠调节出水口的水量调节水池水位。那么水位如果高了，就需要调节使出水量增大。对于 PID 调节器来说，输出随着被调量增高而增高，降低而降低的作用，叫做正作用。

**负作用：**还是这个水池，我们把出水量固定不变，而依靠调节进水量来调节水池水位。那么如果水池水位增高，就需要关小进水量。对于 PID 调节器来说，输出随着被调量的增高而降低的作用叫做负作用。

**动态偏差：**在调节过程中，被调量和设定值之间的偏差随时改变，任意时刻两者之间的偏差叫做动态偏差，简称动差。

**静态偏差**：调解趋于稳定之后，被调量和设定值之间还存在的偏差叫做静态偏差，简称静差。

**回调**：调节器调节作用显现，使得被调量开始由上升变为下降，或者由下降变为上升。

**阶跃**：被观察的曲线呈垂直上升或者下降状态，这种情况在异常情况下是存在的，比如人为修改数值，或者短路开路。

## 四、P——纯比例作用趋势图的特征分析

前面说过，所谓的P，就是比例作用，是把调节器的输入偏差乘以一个系数，作为调节器的输出。

温习一下：调节器的输入偏差就是被调量减去设定值的差值。

一般来说，设定值不会经常改变，那就是说：当设定值不变的时候，调节器的输出只与被调量的波动有关。那么我们可以基本上得出如下一个概念性公式：

输出波动= 被调量波动×比例增益

注意，这只是一个概念性公式，而不是真正的计算公式。通过概念性公式，我们可以得到如下结论，对于一个单回路调节系统，单纯的比例作用下：

输出的波形与被调量的波形完全相似。

纯比例作用的曲线判断其实就这么一个标准。一句话简述：被调量变化多少，输出乘以比例系数的积就变化多少。或者说：被调量与输出的波形完全相似。

为了让大家更深刻理解这个标准，咱们看几个输出曲线和被

调量曲线的推论：

① 对于正作用的调节系统，顶点、谷底均发生在同一时刻。

② 对于负作用的调节系统，被调量的顶点就是输出的谷底，谷底就是输出的顶点。

③ 对于正作用的调节系统，被调量的曲线上升，输出曲线就上升；被调量曲线下降，输出曲线就下降。两者趋势完全一样。

④ 对于负作用的调节系统，被调量曲线和输出曲线相对。波动周期完全一致。

⑤ 只要被调量变化，输出就变化；被调量不变化，不管静态偏差有多大，输出也不会变化。

上面5条推论很重要，请大家牢牢记住，能把它溶化在你的思想里。

溶化了吗？那我出几个思考题：

① 被调量回调的时候，输出必然回调吗？

② 被调量不动，设定值改变，输出怎么办？

③ 存在单纯的比例调节系统吗？

④ 纯比例调节系统会消除静差吗？

第一条回答：是。

第二条回答：相当于被调量朝相反方向改变。你想啊，调节器的输出等于输入偏差乘以一个系数，设定值改变就相当于设定值不变被调量突变。对吧？

第三条回答：是。在电脑出现之前，还没有DCS，也没有集中控制系统。为了节省空间和金钱，对于一些最简单的有自平衡能力的调节系统，比如水池水位，就用一个单纯的比例调节系统完成调节。

第四条回答：否。单纯的比例调节系统可以让系统稳定，可是他没有办法消除静态偏差。那么怎么才能消除静态偏差呢？依靠积分调节作用。

为了便于理解，咱们把趋势图画出来分析。见图2-1。

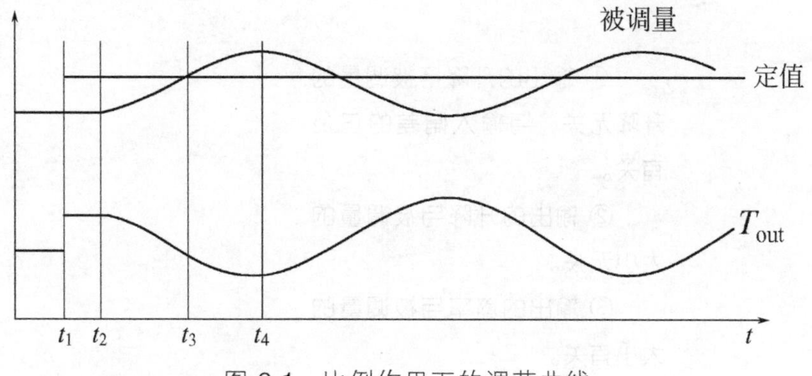


图2-1　比例作用下的调节曲线

假设被调量偏高时，调门应关小，即PID为负作用。在定值有一阶跃扰动时，调节器输入偏差为$-\Delta e$。此时$T_{out}$也应有一阶跃量$\Delta e(1/\delta)$，然后被调量不变。经过一个滞后期$t_2$，被调量开始响应$T_{out}$，因为被调量增加，$T_{out}$也开始降低。一直到$t_4$时刻，被调量开始回复时，$T_{out}$才开始升高。两曲线虽然波动相反，但是图形如果反转，就可以看出是相似形。

## 五、I——纯积分作用趋势图的特征分析

I就是积分作用。

一句话简述：如果调节器的输入偏差不等于零，就让调节器

的输出按照一定的速度一直朝一个方向累加下去。

积分相当于一个斜率发生器。启动这个发生器的前提是调节器的输入偏差不等于零，斜率的大小与两个参数有关：输入偏差的大小、积分时间。

在许多调节系统中，规定单纯的积分作用是不存在的，它必须要和比例作用配合在一起使用才有意义。之所以说是个规定，是因为，从原理上讲，纯积分作用可以存在，但是很可能没有实用意义。这里不作过分的空想和假设。为了分析方便，咱们把积分作用剥离开来，对其作单纯的分析。

单纯积分作用的特性总结如下。

① 输出的升降与被调量的升降无关，与输入偏差的正负有关。

② 输出的升降与被调量的大小无关。

③ 输出的斜率与被调量的大小有关。

④ 被调量不管怎么变化，输出始终不会出现节跃扰动。

⑤ 被调量达到顶点的时候，输出的变化趋势不变，速率开始减缓。

⑥ 输出曲线达到顶点的时候，必然是输入偏差等于零的时候。

看到了吗？纯积分作用的性质很特别。你能根据一个被调量的波动波形，画出输出波形么？如果你能画正确，那说明你真正掌握了。

好了，来点看图题：

积分作用下，输入偏差变化的响应曲线与比例作用有很大的不同。假设被调量偏高时调门应关小，在定值有一个阶跃扰动时，输出不会作阶跃变化，而是以较高的速率开始升高。如图 2-2 所示。

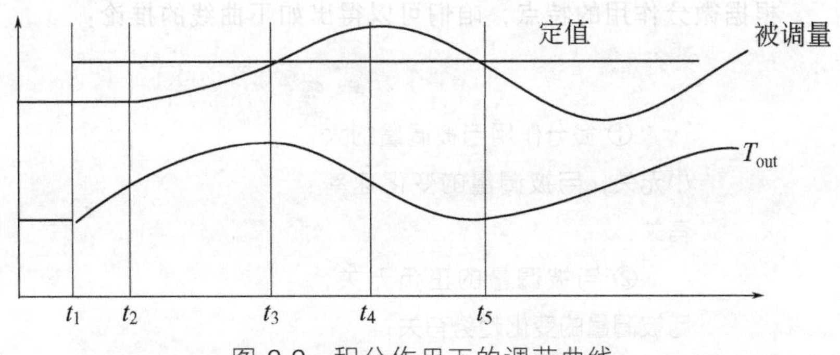


图 2-2　积分作用下的调节曲线

因输出的响应较比例作用不明显，故被调量开始变化的时刻 $t_2$，较比例作用缓慢。在 $t_1$ 到 $t_2$ 的时间内，因为被调量不变，即输入偏差不变，所以输出以不变的速率上升，即呈线性上升。调节器的输出缓慢改变，导致被调量逐渐受到影响而改变。

在 $t_2$ 时刻，被调量开始变化时，输入偏差逐渐减小，输出的速率开始降低。

到 $t_3$ 时刻，偏差为 0 时，输出不变，输出曲线为水平。然后偏差开始为正时，输出才开始降低。

到 $t_4$ 时刻，被调量达到顶点开始回复，但是因偏差仍旧为正，故输出继续降低只是速率开始减缓。

直到 $t_5$ 时刻，偏差为 0 时，输出才重新升高。

一般来说，积分作用容易被初学者重视，重视是对的，因为它可以消除静态偏差。可是重视过头了，就会形成积分干扰。先不说怎么判断，能认识图形是最重要的。

## 六、D——纯微分作用趋势图的特征分析

D 就是微分作用。单纯的微分作用是不存在的。同积分作用

一样，我们之所以要把微分作用单独隔离开来讲，就是为了理解的方便。

一句话简述：**被调量不动，输出不动；被调量一动，输出马上跳。**

根据微分作用的特点，咱们可以得出如下曲线的推论：

① 微分作用与被调量的大小无关，与被调量的变化速率有关；

② 与被调量的正负无关，与被调量的变化趋势有关；

③ 如果被调量有一个阶跃，就相当于输入变化的速度无穷大，那么输出会直接到最小或者最大；

④ 微分参数有的是一个，用微分时间表示。有的分为两个：微分增益和微分时间。微分增益表示输出波动的幅度，波动后还要输出回归，微分时间表示回归的快慢。见图 2-3，$K_D$ 是微分增益，$T_D$ 是微分时间。

⑤ 由第④条得出推论：波动调节之后，输出还会自动拐回头。

都说微分作用能够超前调节，可是微分作用到底是怎样超前调节的？一些人会忽略这个问题。合理搭配微分增益和微分时间，会起到意想不到的效果。

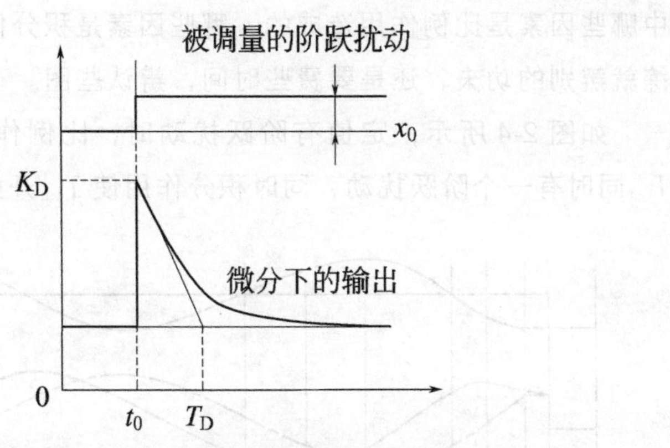


图 2-3 纯微分作用的阶跃反应曲线

比例、积分、微分三个作用各有各的特点。这个必须要区分清楚。温习一下：

比例作用：输出与输入曲线相似。

积分作用：只要输入有偏差输出就变化。

微分作用：输入有抖动输出才变化，且会猛变化。

## 七、比例积分作用的特征曲线分析

彻底搞清楚 PID 的特征曲线分析后，我们再把 PID 组合起来进行分析。大家作了这么久的枯燥分析，越来越接近实质性的分析了。

比例积分作用，就是在被调量波动的时候，纯比例和纯积分作用的叠加，简单的叠加。

普通的维护工程师最容易犯的毛病，就是难以区分波动曲线中哪些因素是比例作用造成的，哪些因素是积分作用造成的。要练就辨别的功夫，还是要费些时间，辨认些图。

如图 2-4 所示，定值有阶跃扰动时，比例作用使输出曲线 $T_{out}$ 同时有一个阶跃扰动，同时积分作用使 $T_{out}$ 开始继续增大。

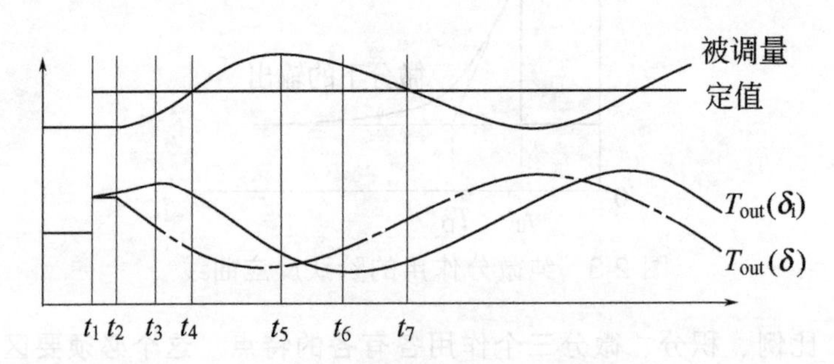


图 2-4　比例积分作用下的曲线

$T_{out}(\delta_i)$ —比例积分作用下的调节器输出。

$T_{out}(\delta)$ —纯比例作用下的调节器输出。

$t_2$ 时刻后，被调量响应 $T_{out}$ 开始增大，此时比例作用因 $\Delta e$ 减小而使 $T_{out}$ 开始降低，如图中点划线 $T_{out}(\delta)$ 所示；但是前面说了积分作用与 $\Delta e$ 的趋势无关，与 $\Delta e$ 的正负有关，积分作用因 $\Delta e$ 还在负向，故继续使 $T_{out}$ 增大，只是速率有所减缓。比例作用和积分作用的叠加，决定了 $T_{out}$ 的实际走向，如图中 $T_{out}(\delta_i)$ 所示。

只要比例作用不是无穷大，或是积分作用不为零，从 $t_2$ 时刻开始，总要有一段时间是积分作用强于比例作用，使得 $T_{out}$ 继续升高，然后持平（$t_3$ 时刻），然后降低。

在被调量升到顶峰的 $t_5$ 时刻，比例作用使 $T_{out}$ 也达到顶点（负向），而积分作用使得最终 $T_{out}$ 的顶点向后延时（$t_6$ 时刻）。

从上面的分析可以看出：判断 $t_6$ 时刻的先后，或者说 $t_6$ 距离 $t_5$ 的时间，是判断积分作用强弱的标准。

一般来说，积分作用往往被初学者过度重视。因为积分作用造成的超调往往被误读为比例作用的不当。

而对于一个有经验的整定高手来说，在一些特殊情况况下，积分作用往往又被过度漠视。因为按照常理，有经验的人往往充分理解积分作用对静态偏差的作用，可是对于积分作用特殊情况下的灵活运用，却反而不容易变通。

什么时候才可以灵活？等你能够彻底解读调节曲线，并能够迅速判断参数大小的时候，才可以稍微尝试了解灵活性。

## 八、比例、积分、微分作用的特征曲线分析

增加微分功能后，调节曲线更复杂点，也更难理解点。如果我们把这一节真正掌握后，参数整定问题也就不算大了。如图 2-5所示。

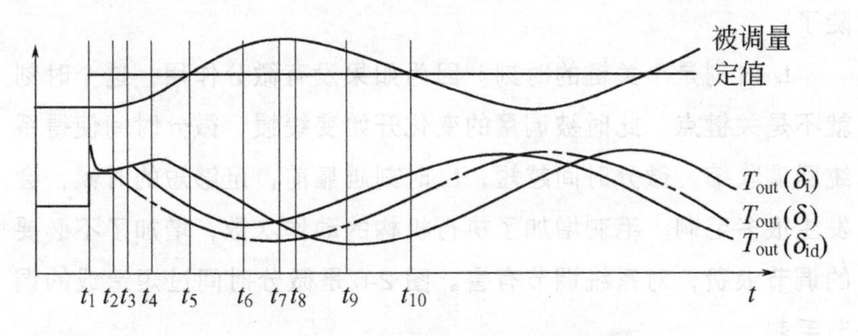


图 2-5 比例、积分、微分作用下的调节曲线示意图

如图 2-5 所示，当设定值有一个阶跃后（$t_1$ 时刻），因为设定值属于直线上升，此时上升速率接近于无穷大，所以理论上讲，调节器输出应该波动无穷大，也就是直接让输出为 100% 或者 0%。可是，调节器的速率计算是每一时刻的变化量除以扫描周期，所以当一个小的阶跃到来的时候，调节器输出不一定达到最大。总之，阶跃量使得输出急剧波动。

所以，当系统存在微分增益的时候，如果我们要修改或者检查被微分处理的信号，就要小心了，最好是退出自动。

当微分增益发挥作用后，随之微分使得输出回归，回归时间与微分时间有关系。

微分时间使得输出一直下降，本该回复到初始值。可是在 $t_1$

时刻，比例发挥作用，使得输出恢复到比例输出的基础；积分发挥作用，使得在比例的基础上再增加一些，增加量与积分时间有关。所以，$t_2$ 时刻输出是个拐点，开始回升。

$t_3$ 时刻，当输出的调节使得被调量发生改变的时候，比例使得输出随之下降；积分使得输出上升速率开始降低，但仍旧上升；微分使得输出下降。$t_3$ 时刻开始，微分增益发挥作用后，微分时间本来需要输出回归，输出减小，可是因为被调量在不断的下降，所以微分增益的作用始终存在，输出继续下降。

$t_4$ 时刻，比例作用盖过积分，比例积分开始回调。

$t_5$ 时刻，积分作用为 0，被调量越过零后，开始出现正偏差，积分也会向正向发挥作用，所以比例积分微分作用曲线更陡了。

$t_6$ 时刻是个关键的时刻。因为如果没有微分作用，这个时刻就不是关键点。此时被调量的变化开始变缓慢，微分时间使得系统回调收缩。微分时间越短，$t_6$ 时刻越靠前，足够短的时候，会发生很多毛刺。毛刺增加了执行机构的动作次数，增加了不必要的调节浪费，对系统调节有害。图 2-6 是微分时间过短造成的调节毛刺。

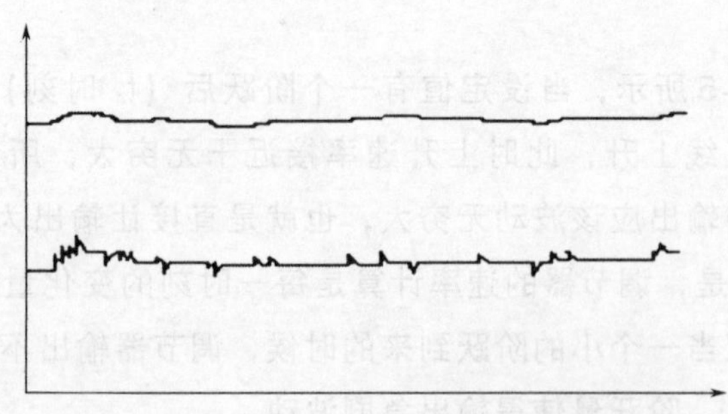

图 2-6　微分时间过短造成输出波形有毛刺

$t_8$ 时刻，被普遍认为是微分的超前调节发挥作用的时刻。此时被调量刚开始回调，而微分作用使得输出“提前”调节了一些。

对于微分的超前调节作用，笔者个人认为，$t_6$ 和 $t_8$ 时刻，同样值得关注。

还需要说明的是，毛刺的产生不仅仅与微分时间有关，还与微分增益有关。它们是两个相关联的两个参数。当微分增益增大的时候，要消除毛刺，就要相应提高微分时间，反之减小。

可是如果为了消除毛刺而过分增大微分时间，就影响了 $t_6$ 时刻所带来的超前调节作用，超前调节作用就受到影响。合理搭配参数才能够起到良好的调节作用。

同样的道理，比例、积分、微分三个参数的大小也是相对的。比如说在比例带为 80 的时候，积分时间为 120 也许会感觉比较正常。可是当把比例带调为 200 的时候，积分作用如果还不变化，那么积分就会对调节带来副作用，系统就可能不能稳定。这时候就需要把积分时间也增大。

我们在整定系统的时候，要有这么一个观念：比例、积分、微分三个参数的大小都不是绝对的，都是相对的。切不可以为我发现一个参数比较合适，就把这个参数固定死，不管别的参数怎么变化，永远不动前面固定的参数。这样的整定是机械的整定，要不得的。我们要在多个参数之间反复权衡，既要把握原则性，又要学会灵活性。

## 九、整定参数的几个原则

百家讲坛里面王广雄教授这么说自动调节系统：她里面处处闪烁着哲学的光辉。这个光辉我也经常感觉得到。并且我觉得，似乎它不仅仅是一门技术，而且还是一门艺术。因为对于一个复杂的自动调节系统，你永远不能确定哪个参数是最好的。只要你愿意下功夫去整定，似乎总有更适合的参数等着你。而等到一个系统遇到了很复杂的大干扰的时候，一般情况下，你总想修改已经极其膨胀了的控制策略，效果虽有好转，可总是难以适应各种工况，参数愈来愈多，整定愈来愈复杂。可是等到你某一天突然灵光一闪，想到一个新鲜思路的时候，你激动得恨不得马上从床上爬起来要去应用，第二天你发现既不需要修改控制策略，应用效果又出奇的好的时候，你会感到一种艺术的成就感和满足感。

这就是自动调节系统的魅力。它需要你在各个问题、各个参数之间反复权衡，在灵活性和原则性之间思想游走，在全面和孤立之间合并分解。

机械与权衡的变通、灵活性和原则性的关系前面已经说过了。下面还要说说全面和孤立的关系。对于一个复杂调节系统，既要全面看待一个系统，又要学会孤立看待一个系统。原则与灵活，全面与孤立，都是个辩证的问题。

其实谁都知道要全面看待问题这个说法。要全面了解整个调节系统，要对工艺流程、测量回路、数据处理 DCS 或者 PLC、控制调节过程、PID 各个参数、操作器、伺服放大器、执行器、位置反馈、阀门线形等各个环节都要了解，出了问题才能够快速准确的判断。

可是什么是孤立分析问题？怎样才算孤立看待问题？

我们首先要把复杂的问题简单化，简单化有利于思路清晰。那么怎样孤立简化呢？

① 把串级调节系统孤立成两个单回路。把主、副调隔离开来，先整定一个回路，再全面考虑。

② 至于先整定内回路还是先整定外回路，因系统而异。一般来说，对于调节周期长的系统可以先整定内回路。我们还可以手动调整系统稳定后，投入自动，先整定内回路。

③ 把相互耦合的系统解耦为几个独立的系统，在稳态下，进行参数判断。让各个系统之间互不干扰，然后再考虑耦合。

④ 把 P、I、D 隔离开来。先去掉积分、微分作用，让系统变为纯比例调节方式。然后再考虑积分，然后再考虑微分。

在学习观察曲线的时候，要学会把问题简单化，孤立看待系统；在分析问题的时候，要既能够全面看待问题，也能够孤立逐个分析。

## 十、整定比例带

整定参数要根据上面提到的孤立分析的原则，先把系统设置为纯比例作用。也就是说积分时间无穷大，微分增益为 0。

最传统、原始的提法是比例带。比例带是输入偏差和输出数值相除的差。比例带越大，比例作用越弱。据说美国人喜欢直来直去，他们提出一个比例增益的概念，就是说比例作用越强，比例增益也就越大。具体的做法就是比例增益等于比例带的倒数。

整定比例作用比较笨的办法，是逐渐加大比例作用，一直到系统发生等幅震荡，然后在这个基础上适当减小比例作用即可，或者把比例增益乘以 0.6～0.8。

不过上述方法是有一点点风险的。有的系统不允许设定值偏差大，初学者要想明显地看出来什么是等幅震荡，就有可能威胁系统安全。并且，在比例作用比较弱的时候，波动曲线往往也是震荡着的，有人甚至会把极弱参数下的波动当成了震荡，结果是系统始终难以稳定。

那么到底怎么判断震荡呢？一般来说，对于一个简单的单回路调节系统，比例作用很强的时候，振荡周期是很有规律的，基本上呈正弦波形状。而极弱参数下的波动也有一定的周期，但是在一个波动周期内，往往掺杂了几个小波峰。根据这个我们大致可以判断比例作用了。

注意我的用词，“大致”。是的，仅仅这样，我们也不能完全确定比例作用一定是强是弱。有的系统也不允许我们这样折腾。还有没有办法？

整定参数，说实话，是不那么容易的。前面我说很简单，是给大家树立必胜的信念，现在说很困难，是告诉大家不可能一蹴而就，需要持之以恒的努力，需要不断的探索。本书最难写的是哪一段？第一章很容易，手头有资料，平时多留心，就可以写出来。第三章很难写，但是只要自己多观察、多体会、多分析、多积累，应该也能写出来。只有第二章的这一节最难写。我花费了好几天都在考虑，怎么表达出来我的经验心得。我想到了一个表述办法：

亲自操作执行机构，或者查找运行操作的历史趋势，查找或者令执行机构的输出有一个足够的阶跃量——这个阶跃量要足够大，但是千万不能给稳定运行带来危险——然后观察被调量多久之后开始有响应。记录下响应时间。然后在整定参数的时候，你所整定的系统的波动周期，大约是你记录响应时间的3～8倍（这个数值仅供参考）。

最终你所整定的系统，其调节效果应该是被调量波动小而平缓。在一个扰动过来之后，被调量的波动应该是一大一小两个波。

有人说：很麻烦，我的调节系统不容易看到调节周期。哦，恭喜你，你的系统整定工作做得很好。

不管是被调量还是调节输出，其曲线都不应该有强烈的周期特征。

曾经有个人跟我说：你看我的调节系统整定得多好，被调量的曲线简直跟正弦波一样好看。我回答说：不用问，调节输出也跟正弦波一样吧？他说是。那你的执行机构还不跟正弦波一样不能歇着啊？这样的调节系统的整定工作是不够好的，还有优化空间的。

自动调节的困难还在于：即使是很老练很在行的整定者，也不见得整定效果就很好，还有很大的参数优化空间。

有许多人看系统难以稳定，就认为是控制策略的问题，就去修改控制策略。最终使得控制策略庞大臃肿。控制策略臃肿的不利后果有三个：

① 不利于检查问题和整定参数，程序越复杂越不利；

② 容易出现编程错误甚至前后矛盾；

③ 增加了系统负担。DCS系统要求单机负荷率要低。DCS中，影响负荷率的最大因素就是模拟量运算。自动调节系统的模

拟量运算最大。所以，臃肿的调节系统增加了系统负荷率。

## 十一、整定积分时间

前面已经说过，积分作用最容易被人误解。一个初学者往往过分注重积分作用，一个整定好手往往又漠视积分作用。咱们先对初学者说怎么认识积分作用。

对于主调来说，主调的目的就是为了消除静态偏差。如果能够消除静态偏差，积分作用就可以尽量的小。

在整定比例作用的时候，积分作用先取消。比例作用整定好的时候，就需要逐渐加强积分作用，直到消除静差为止。

需要注意的是：一般情况下，如果比例参数设置不合理，那么静差也往往难以消除。在没有设置好比例作用的时候，初学者往往以为是积分作用不够强，就一再加强比例作用，结果造成了积分的干扰。

那么积分作用设置多少合理？咱们还要拐回头，看本章第五讲。再看图 2-7。

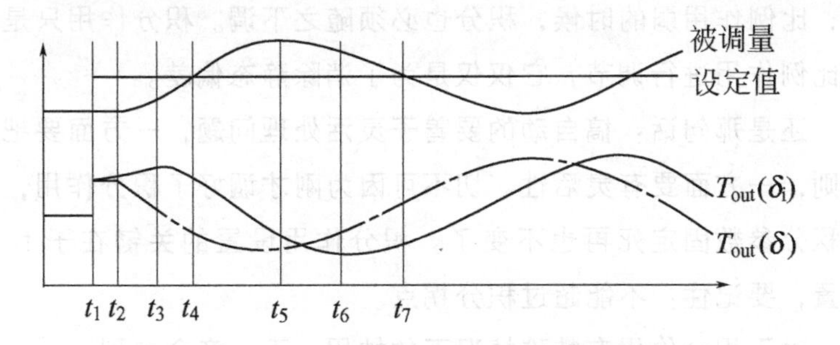


图 2-7　比例积分作用下的曲线

$T_{out}$（$\delta_i$）—比例积分作用下的调节器输出。

$T_{out}$（$\delta$）—纯比例作用下的调节器输出。

上图中，我们最需要关注的几个点是：$t_5$、$t_6$、$t_7$。在 $t_5$，$t_7$ 之间，$t_6$ 的时刻反映了积分的强度。$t_6$ 过于靠近 $t_5$，则积分作用过弱；$t_6$ 过于靠近 $t_7$，则积分作用过强。$t_6$ 所处的位置，应该在

$t_5$、$t_7$ 之间的 1/3 靠前一点。也就是说，$t_6$ 的位置在，$t_5-(t_7-t_5)\times 1/2$ 之间。

为了记住（$t_7-t_5$）之间的这个特征点，我们可以把（$t_7-t_5$）$\times 1/3$ 的这个区域叫做**积分拐点**。

积分拐点这个概念很重要，输出的拐点不能比积分拐点更靠后。

为什么积分要这么弱?

当被调量回调的时候（$t_5$ 时刻），说明调节器让执行机构发挥了调节作用，此时调节机构的开度足以控制被调量不会偏差更大，为了消除静态偏差，可以保持这个开度，或者让执行机构稍微继续动作一点即可。如果此时被调量回调迅速，则说明执行机构的调节已经过量，那么必须也要让执行机构回调，执行机构的回调是怎样产生的? 是比例作用克服了积分作用而产生的，是比例和积分的叠加：$T_{out}(\delta)+T_{out}(i)$。而此时 $T_{out}(\delta)$ 和 $T_{out}(i)$ 所调节的方向是不一样的，一个为正，一个为负。

从上面的叙述，我们还可以验证前面的一个推理：积分作用和比例作用是相对的。当比例作用强的时候，积分也可以随之增强；比例作用弱的时候，积分也必须随之下调。积分作用只是辅助比例作用进行调节，它仅仅是为了消除静态偏差。

还是那句话：搞自动的要善于灵活处理问题，一方面要把握原则，一方面要有灵活性。切不可因为刚才调好了积分作用，就把积分参数固定死再也不变了。积分作用设置的关键在于 $t_6$ 的位置，要记住：不能超过积分拐点。

对于积分作用在特殊情况下的妙用，下一章会提到。

## 十二、整定微分作用

微分作用比较容易判断，那就是 PID 输出“毛刺”过多。

一般来说，微分作用包含两个参数：微分增益和微分时间。实际微分环节在前面已经说过。图 2-3 就是实际应用中的微分环节。

其实理想的微分环节并不是这样的。当阶跃扰动来临的时候，理想微分环节带来的调节输出是无穷大的。如图 2-8 所示。

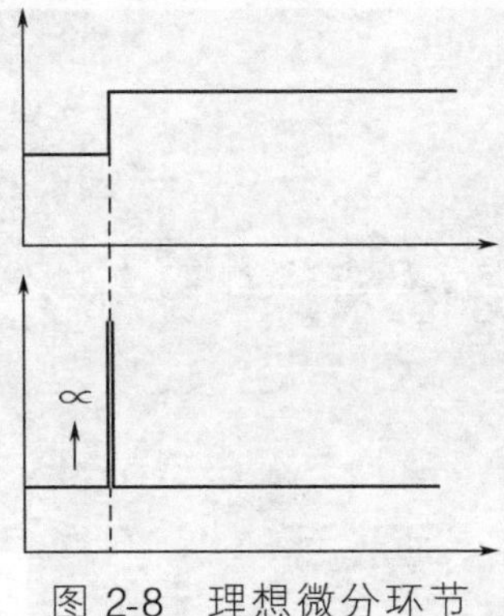

图 2-8　理想微分环节

为了工程应用方便，人们设计了实际微分环节。微分的目的许多人都知道：它具有超前调节的功能。

微分为什么具有超前调节作用?

波动来临时，不管波动的幅度有多大，只要波动的速度够大，调节器就会令输出大幅度调整。也就是说，波动即将来临的时候，波动的征兆就是被调量的曲线开始上升。对于比例和积分作用来说，开始上升不意味着大幅度调节；对于微分作用来说，开始上升就意味着调节进行了，因为“开始”的时候，如果速度上去了，输出就可以有一个大幅度的调整。这是超前调节的作用之一。见图 2-6 的 $t_8$ 时刻。

波动结束后，如果调节器调节合理，一般被调量经过一个静止期后，还会稍微回调一点。在被调量处于静止期间，因为微分时间的作用，不等被调量回调，调节器首先回调。这是微分的超前作用之二。见图 2-5 的 $t_7$ 时刻。

在微分增益增大的时候，一定要考虑到微分时间的调整。否则调节曲线上会有很多毛刺。毛刺直接影响到执行机构的频繁动作，一般来说，它是有害的。

好的调节效果，往往在调节曲线上是看不到毛刺的。只可以在输出曲线上看到一个突出的陡升或者陡降。

要合理利用微分增益和微分时间的搭配，会取得很好的调节效果，见图 2-9。

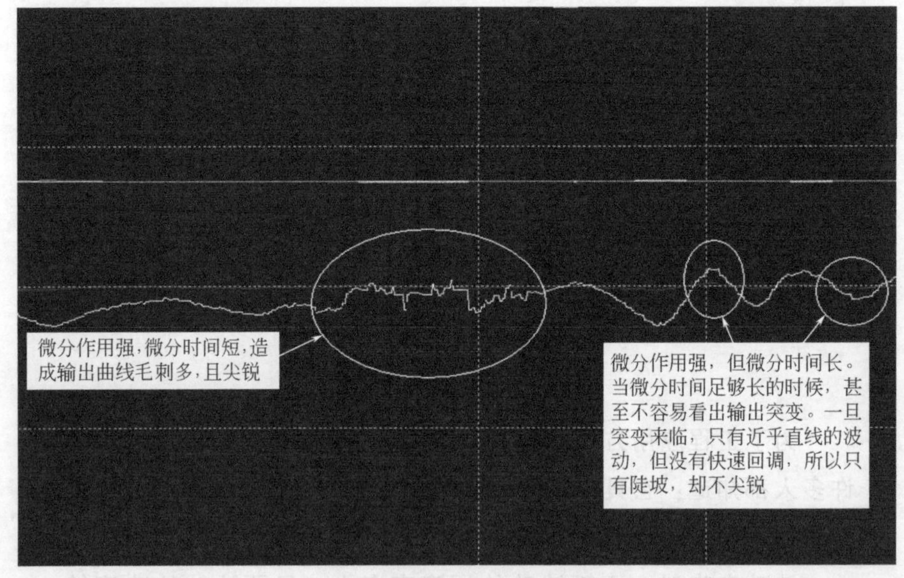


图 2-9　调节效果图

图 2-9 为微分增益与微分时间的关系。当微分增益过强的时候，微分调节会产生毛刺。但是同样的增益下，延长微分时间，就可以抑制输出突变。

有许多人牢牢记住了“微分的超前调节作用”，只要觉得系统不够快，就会加微分。这是一种懒人的思维。系统快不快不能看表面现象，有许多系统往往是参数整定不好造成的震荡。震荡发生的时候，往往急得初学者恨不得马上让系统回调，不能马上回调，就想到了微分。

要记住：震荡的产生可能与三个参数都有关。一定要认真判读震荡曲线的特征，分辨是哪个因素造成的，然后对症下药才能够抑制震荡。

还有一些人不管三七二十一，把所有的系统都使用比例积分微分。比例积分可以都使用，但有些系统使用微分是不恰当的。

微分的使用条件如下：

① 被调量是水位、气压、风压的调节系统不宜使用微分。它们本身的数值容易受各种因素影响，即使稳定的系统，被调量也很难稳定在一个数值。微分作用会因为被调量的小波动，使得输出大幅度来回动作，形成干扰，而且对执行机构也不利。

② 被调量有微小扰动的时候，要先消除扰动再使用微分。

③ 系统有大迟延的情况下应使用微分。

微分作用是最容易判断的。但是对于一个熟练整定 PID 参数的人来说，怎样充分发挥微分参数的“超前调节”作用，并且不增加对系统有害的干扰，仍旧是一个需要长久思考的问题。

有的系统把微分作用分出调节器以外。比如火电厂主汽温度控制，许多厂家用了“微分导前调节”。所谓的“微分导前”，就是把微分分出调节器，专门对温度前馈量进行微分运算，然后把运算的结果叠加到 PID 的输出，去控制执行机构。

使用微分导前而不使用串级调节系统，有它特殊的地方。目前，许多人对于到底是用微分导前还是串级很迷惑，这个问题在下一章我们会讲到。

## 十三、比例、积分、微分综合整定

一个精通参数整定的人，在具体整定参数的时候，首先要熟悉系统工艺原理，更要熟悉系统操作。对待一个复杂系统如何操作的问题，整定参数的人甚至比专业的运行操作员更知道怎么操作，能比他们更熟练地进行手工干扰。因为只有知道怎样操作是正确的，才能够知道 PID 发出的指令是否正确的，才能够知道怎样修改 PID 参数。另外，运行操作员往往抱着一种急切的心理，看到被调量偏差大，恨不得一下子调正常。心情可以理解，但往往偏离了正常的调节方法。我们除了要整定参数外，有时候还要担负运行操作讲解员的责任。虽然在整体系统上我们不如他们，但是具体操作上，我们的理解有比他们强的地方。互相沟通才能共同进步，才能搞好系统。

同时，对于系统工艺操作的理解，对于实际发生的各种干扰问题，运行操作员又比我们更熟悉。所以，我们还要虚心向他们请教。系统发生了波动，到底是什么原因造成的？什么因素是干扰的主要因素？怎样操作弥补？了解清楚之后，再加上我们的分析，才能得到最真实的资料。

下面说说综合整定。

假设有一个水池，如图 2-10 所示，上面一个进水管，下面一个排水管。进水管的流量不大确定，有时候稳定，有时候有波动。我们要调节排水阀的开度来调整水池水位。

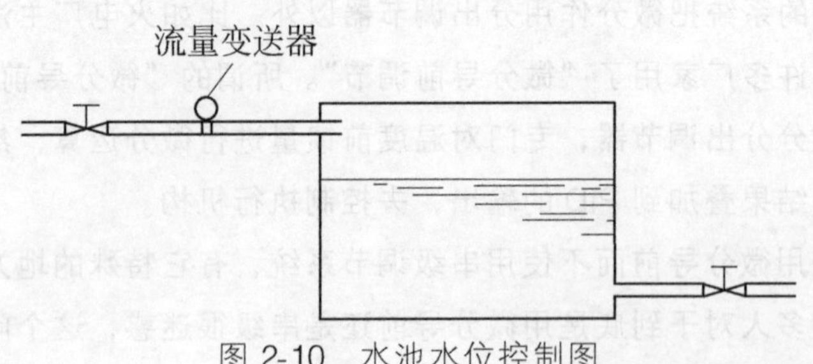


图 2-10　水池水位控制图

如果水位高，我们要开排水阀放水。如果我们想要迅速平抑水位，那就要大开排水阀。大开排水阀造成水位急剧降低，这时候我们该怎么办？水位急剧降低表明排水阀开过度了，也就是比例带过小，水位急剧降低需要我们稍微关闭排水阀，否则水位按照目前降低的速度来看，有可能造成水位过低。那么，关闭排水阀属于比例带的调节作用。为什么？比例作用趋势图的特征是：输出曲线和被调量是相似形。我们这里调节器是正作用，那么水位急剧降低，我们的排水阀也应该急剧关闭。

有一个形象的比喻："比例先生"比较规矩，干事情循规蹈矩，他的行为准则是一切跟着偏差走。他总是看偏差的脸色行事，设定值不变的情况下，也就是看被调量的脸色了。被调量怎样走，他就怎样走，一点都不知道变通。

我们这个系统还有积分作用存在。"积分女士"比较自私，眼光也短，"比例先生"总说她不顾全大局。她说：我不管你什么大局小节，只要偏差存在我就要一直积下去。

问题出来了：水位急剧降低，需要稍微关闭排水阀才能抑制水位降低的速度，可是"积分女士"这时候因为偏差大，反而更加起劲的要开排水阀。

此时，作为调节器统揽全局的你该怎么办？你要权衡两者的作用。水位急剧降低，说明了比例过强，你要批评"比例先生"，让他再谨慎点，让比例带大点。"积分女士"也别得意，她也有问题。她的问题在于不顾大局，水位都低了还要开，她的积分时间也要大点。

把"比例先生"和"积分女士"的意见一综合叠加，决定：如果水位下降太慢，积分就再开点也无妨；如果下降得快，"比例先生"可要发挥作用；如果不算快也不算慢，两个意见相加的结果抵消，喔，那就等形势明朗了再决定，现在静观待变。

水位急剧下降，你决定让排水阀稍微关闭，水位下降势头得到抑制，水位保持在低于设定值的位置不变了，迟迟看不到水位变化，怎么办？

"积分女士"，别矜持了，逐渐关闭些，一直等到水位达到目标才行。如果积分增益太小，你就需要增加积分增益了。

"积分女士"慢吞吞的行使职责，这时候坏了！进水管突然捣蛋，进水阀门虽然没有开，可是进水流量不知道为什么突然增加，眼看着水位蹭蹭蹭往上蹿。

急什么，比例，快点开，你要跟着水位的升高而升高。“积分女士”也跟着使劲，因为这时候水位高于设定值了。

正当大家手忙脚乱的调整的时候，突然进水阀流量又减小了，水位又急着降低！急得“比例先生”和“积分女士”满头大汗，那个乱啊！一边抱怨：都怪那个“捣蛋鬼”进水流量，他一直折腾我们！

对啊！我要监视“捣蛋鬼”！把“捣蛋鬼”纳入监听，只要他增加，排水阀别管比例积分说什么，只管开——哦不——应该在他们命令的基础上再额外增加一个开度！瞧，前馈是个好办法。

这时候我们的系统改变了，由一个“司令部”变成了两个：串级调节系统诞生了。

还有人说不。为了精兵简政，不要后面的“司令部”，后面弄个加法块咋样？

前面的“司令部”不答应，他不是不要权力，而是跟踪让他手忙脚乱。

跟踪为了告诉“司令部”现在前方部队——阀门开到什么位置了。在“司令部”休息的时候（手动状态），“司令部”掌握前方部队的位置，一旦“司令部”工作起来（自动状态），“司令部”只要告诉前方部队在现在的位置上增加或者减少多少就可以了。

可是因为“司令部”后面有个加法块捣乱，“司令部”得到的始终是加后值。“司令部”由休息转到工作的时候，就会出现工作失误，一直循环叠加，会出问题的。

所以还是要两个“司令部”的好。

突然，“前馈尖兵”报告：等我知道消息已经晚了，水量已经大幅度波动了。

这时候即使叠加了前馈调节，调节效果还是不明显。要是能够提前知道“捣蛋鬼”的动作就好了。“前馈尖兵”回答：进水管，前面几十米弯弯曲曲，没办法设立监听站。

怎么办呢?

一旁有个“诗人”幽幽地道：唉! 漫漫长夜，悠悠我心。世无伯乐，沉吟至今……

这个“诗人”叫做微分。

抱歉，冷落微分很久了。

把微分放在“前馈尖兵”上，效果马上好转。因为“诗人”有点神经质，前馈没有波动的时候他趴着不动弹，一有波动他马上就跳起来，吓得“司令部”赶紧进行调节，扰动得到了有效的遏制。

调节效果好了，第一“司令部”有意见了。他说：给我施加点压力吧，我要上进，后面那个“司令部”就取消了，好吗?

可以取消了。因为我们看：微分这个“诗人”虽然浪漫，可是有点懒。前馈有变化的时候，他动作很积极，前馈不变的时候，他赖着不动了。

运行操作员在投自动的时候，都是系统稳定的时候。这时候“捣蛋鬼”没有捣蛋，“微分诗人”在发呆，前方“司令部”的跟踪的结果就是排水阀的开度。

这时候如果取消第二“司令部”，用加法块，完全可以。诗人打盹的时候，第一司令部的命令没有被篡改。

恩，这就是微分导前调节系统。

你一定对“诗人”刮目相看了吧? 你想要微分发挥更大作用么? 那你就给水位增加个微分试试? 不行的。进水掉下来，砸到水池里，水位本来就上下波动，“诗人”这时候的神经质发作了，他让你的“司令部”一刻不停地发布命令，让排水阀忽关忽开。

看明白了么? 指挥可不简单咧!

## 十四、自动调节系统的质量指标

**衰减率：**大约为 0.75 最好。好的自动调节系统，用俗话说

“一大一小两个波”最好。用数学方法表示出来，就是合适的衰减率。

**最大偏差：**一个扰动来临之后，经过调节，系统稳定后，被调量与设定值的最大偏差。一个整定好的稳定的调节系统，一般第一个波动最大，因为“一大一小两个波”，后面就趋于稳定了。如果不能趋于稳定，也就是说不是稳态，那就谈不上调节质量，也就无所谓最大偏差了。

**波动范围：**顾名思义，没必要多说。实际运行中的调节系统，扰动因素是不断存在的，因而被调量是不断波动着的，所以波动范围基本要达到一个区间。

执行机构动作次数。动作次数决定了执行机构的寿命。这里说的执行机构不光包括执行器，还包括调节阀门。执行机构频繁动作不光损坏执行器，还会让阀门线性恶化。下一节会更加详细地说明。

**稳定时间：**阶跃扰动后，被调量回到稳态所需要的时间。稳定时间决定了系统抑制干扰的速度。

## 十五、整定系统需要注意的几个问题

### 1. 执行机构动作次数

执行机构动作次数不能过频，过频则容易烧坏电机。动作次数与比例积分微分作用都有关系。一般来说，合适的比例带使得系统波动较小，调节器的输出波动也就小，执行器波动也少；在本章第五节中已经说过：如果输入偏差不为零，积分作用就会让输出一直向一个方向积下去。积分过强的话，会让执行器一次只动作一点，但是频繁地一点点向一个方向动作；微分作用会让执行器反复波动。

一般来说，国产DKJ系列的执行器的电机耐堵转特性较好，其他性能不一。电机在刚得电动作的时候，电流大约是正常运转电流的 5～10 倍。电机频繁动作很容易升温，从而烧坏电机。另外对执行机构的传动部件也有较大磨损。

一般来说，不管对于直行程还是角行程，对于国产还是进口，对于智能还是简单的执行器，动作次数不大于 10 次/分钟。对于一些进口执行器，尤其是日本的，次数还要减少。

对于执行机构是变频调节的（这里是说纯变频调节，而不是指执行机构采用变频电机），可以让参数快点，因为变频器始终处于运行状态。需要注意的是，变频器转速线性不能太陡，否则变频器输出电流大幅度变化，影响变频寿命。

## 2. PID 死区问题

为了减少执行器动作次数，一般都对 PID 调节器设置死区。在死区范围内，都认为输入偏差为 0。当超过死区后，输入偏

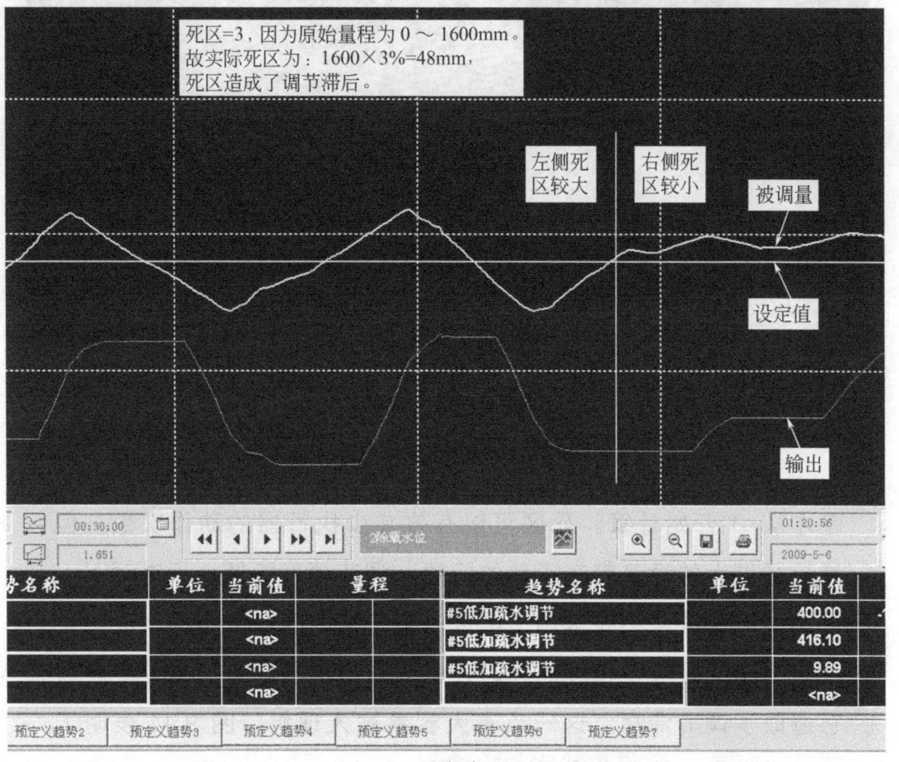


(a) 死区 =3

图 2-11

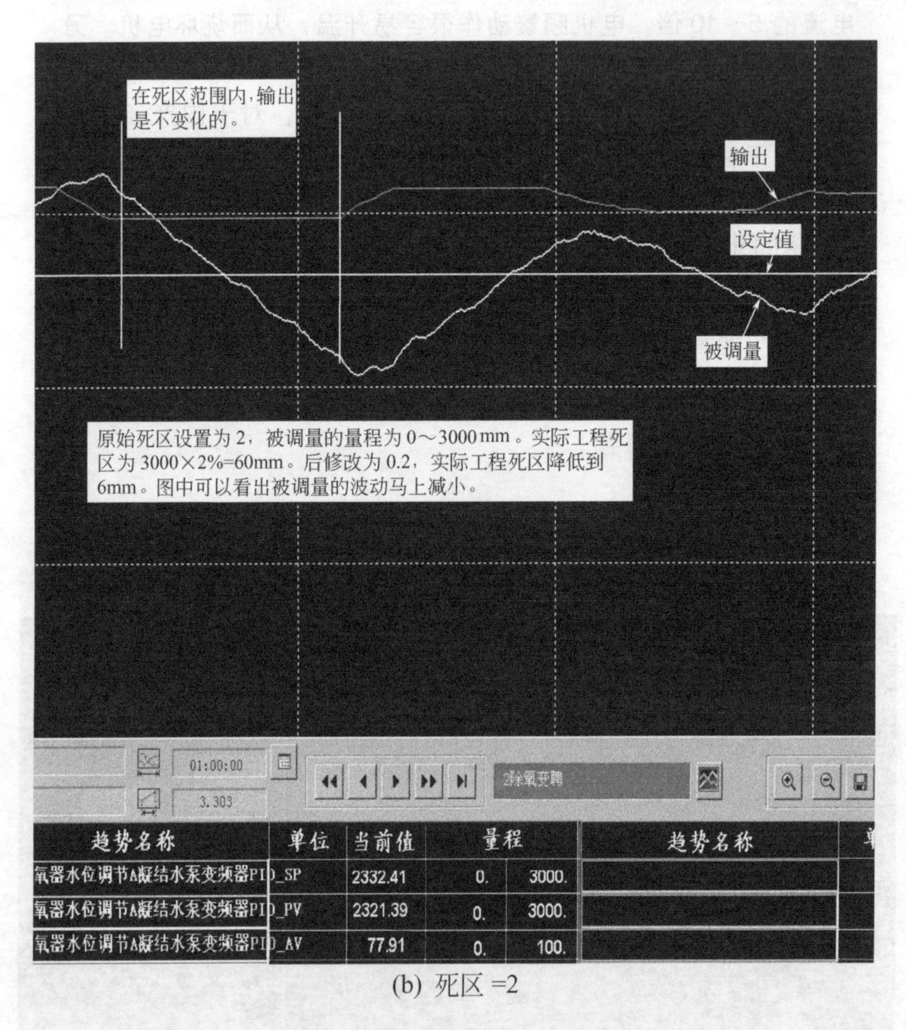


(b) 死区 =2

图 2-11　死区过大带来的调节滞后

差才从 0 开始计算。死区可以有效减少执行器的动作次数。但是死区过大的话又带来了新的问题：调节精度降低，不过对于一般的调节系统，不要求调节精度过高，精度高意义也不大。

提高死区降低精度的同时，也会降低调节系统稳定性。因为它造成了调节滞后。这一点不大容易被人理解。图 2-11 表明了死区过大带来的调节滞后。

上面两个图片，前半部分都是死区过大带来调节滞后，影响系统稳定性。后半部分降低了死区，调节效果马上有了大幅度的好转。

对于串级调节系统，主调的死区可以降低甚至取消。设置副调的死区就可以降低执行机构的动作次数了。

## 3. 裕度问题

调节系统要有一个合适的调节裕度。如果执行机构经常处于关闭或者开满状态，那么调节裕度就很小，调节质量就受到影响。一般来说，阀门在 80% 以上，流量已经达到最大，所以执行机构经常开度在 80% 也可以说裕度减小了。

这里所说的阀门，包括了各种调节工质流量的机构，包括阀门、泵的调速部分等。在第三章中，专门要说一下执行机构的种类。

## 4. 通流量问题

调节阀门的孔径都是经过严格计算的。不过也存在计算失误的时候。通流量过大，执行机构稍微动作一点就可能发生超调；反之执行机构大幅度动作还不能抑制干扰。所以这个问题也是个重要问题。如果通流量不合适，有些系统甚至不可能稳定运行。

图 2-12 表明了通流量过小，输出波动较大，系统难以达到理想稳态的现象。

## 5. 空行程问题

在一定的开度内，调节器输出有变化，执行器也动作了，可是阀门流量没变化，这属于空行程问题。空行程有的是执行器产生的，也有阀门产生的。一般的机构都存在这个问题。空行程一般都比较小，可以忽略。可是如果过大，就不得不重视这个问题了。

解决空行程的办法有很多，一般都在 DCS 内完成。当然，

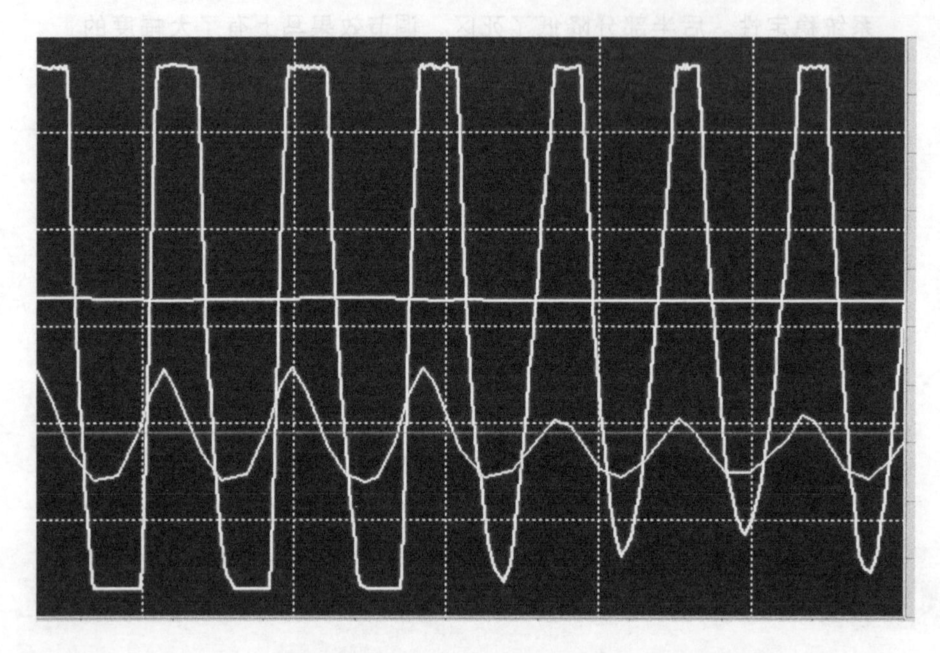

图 2-12 通流量小时的输出

如果执行器和阀门能够解决的，要以硬件解决为主。

## 6. 线性问题

一般来说阀门开度与流量的关系都成平滑的线性关系。这些线性关系包括直线型、等百分比型、抛物线型等。如果阀门使用时间长，或者阀门受到损伤，线性就会改变。线性问题可以有多种解决办法，既有参数整定的，也有控制策略的。当然最根本的解决办法在于对线性恶化的治理。如果是比较贵重的调速泵线性恶化，难以治理更换，那只好从调节系统寻找解决办法了。

还有一个普遍存在的问题：调节阀的线性恶化。这基本上是个顽疾。因为调节阀动作频繁，经常在完全关闭和打开之间反复波动，相当多的阀门线性都很不好，而且还伴随着空行程偏大的问题。两个问题加起来，给自动调节带来很大的困难。

在第三章中，咱们要专门谈到，怎么从自动控制方面解决线性恶化问题。

### 7. 耦合问题

一个调节系统或者执行机构的调节，对另一个系统产生干扰，或者是两个调节系统间互为干扰，产生直接耦合。解耦的办法是先整定主动干扰的调节系统，再整定被动系统。也可以在主动干扰的输出乘以一个系数，作为被动干扰的前馈。

还有一种间接耦合。这个现象在协调控制中比较明显：负荷与汽压的关系是互为耦合。解决问题的办法有两种：一种是互为修正前馈，这个解决办法的应用比较普遍，效果不是太好；更有效的办法是整定参数，效果要比前者优越得多，抗干扰能力也很大，可惜擅长此道的人太少。

上述的 7 个问题，除第 3、4 条无法用参数解决只能用参数缓解以外，其他问题都可以通过控制策略、甚至仅仅靠整定参数就可以解决。举个例子：

锅炉蒸发量 430t/ h。给水执行器平均每 2min 动作 1 次。

一次发生意外，左侧主汽门突然关闭，蒸汽流量瞬间下降 100t/ h，负荷由 130MW 下降到 80MW，蒸汽压力下降 1MPa。而汽包水位自动没有退出，波动范围是 - 49～73mm，设定值是 39mm。我们的控制策略就是很简单很普遍的三冲量调节系统，没有做任何修改。图 2-13 是当时的调节效果截图。

## 十六、整定参数的几个认识误区

### 1. 对微分的认识误区

认为微分就是超前调节，如果被调量或者测量值有滞后，就要加微分。微分是有超前调节的功能，但是微分作用有些地方不能用：测量值存在不间断的微小波动的时候。尤其是水位、气压

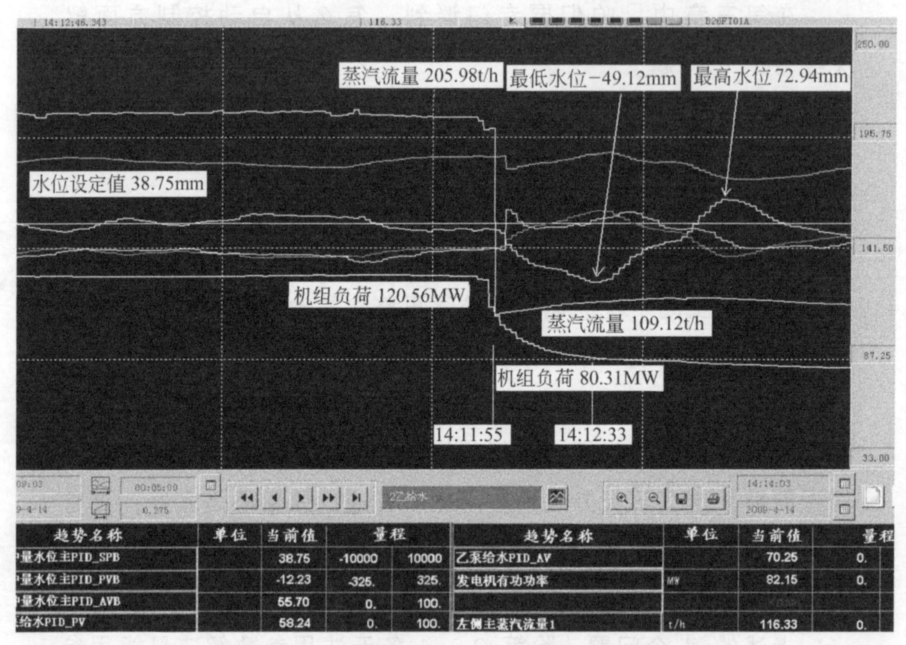


| 趋势名称 | 单位 | 当前值 | 量程 | | 趋势名称 | 单位 | 当前值 | 量程 |
|---|---|---|---|---|---|---|---|---|
| 量水位主PID_SPB | | 38.75 | -10000 | 10000 | 乙泵给水PID_AV | | 70.25 | 0. |
| 量水位主PID_PVB | | -12.23 | -325. | 325. | 发电机有功功率 | MW | 82.15 | 0. |
| 量水位主PID_AVB | | 55.70 | 0. | 100. | | | | |
| 给水PID_PV | | 58.24 | 0. | 100. | 左侧主蒸汽流量1 | t/h | 116.33 | 0. |

图 2-13　主汽流量大干扰下的汽包水位波动曲线[1]

测量，波动始终存在时，本来一直在考虑滤波呢，如果再加个微分，就会造成调节干扰。不如不要微分。

## 2. 对积分的认识误区

有些人发现偏差就要调积分，偏差存在有可能是系统调节缓慢，比例作用也有可能影响，如果积分作用盖过了比例作用，那么这个系统就很难稳定。

图 2-14 就是积分作用过强造成的系统不稳。

上面说过：初学者容易强调积分作用，熟练者容易忽略积分作用。不再赘述。

## 3. 对耦合系统中，超前调节的认识误区

对于耦合系统，大家都容易考虑一个捷径：增加前馈调节。

---

[1] 本书中部分计算机屏幕图，读者可在 www.cip.com.cn 中的资源下载/配书资源中查看彩色曲线图。

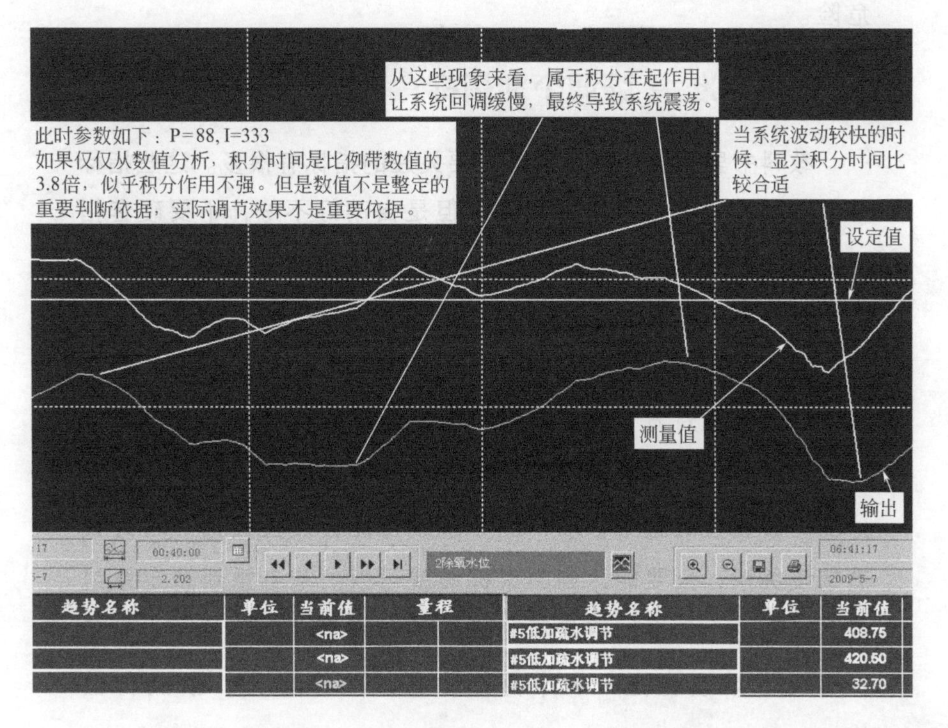


图 2-14　积分作用过强造成的系统不稳

这个毛病甚至搞自动控制的老手都容易犯，毕竟捷径谁都想走。比如众所周知的协调控制，经典控制法中，就有负荷和汽压互为前馈的控制策略设计。这个方法也不为错，但是更普适更好的方法是一种整定参数的思想，参数设置合理的话这个前馈画蛇添足。

要积极探讨各种控制办法。

## 4. 反馈过强

复杂调节系统中，前馈信号和反馈信号过强的话，会造成系统震荡，所以调解过程中不仅仅要注意 PID 参数，还要注意反馈参数。尤其在汽包水位三冲量调节系统中，蒸汽流量和给水流量的信号都要经过系数处理。有些未经处理的系统，在负荷波动的时候，就要退掉自动，否则会发生震荡的危险。

## 5. 死搬标准，强调个别指标

教科书里，自动调节系统需要关注的指标有很多。这些指标都有助于自动调节系统的整定。但是自动好不好，不要硬套指标。最应关注的有两个指标：被调量波动范围、执行机构动作次数，其他都不是最必要的。

曾经有一次，笔者帮助一个电厂整定自动调节系统。快要结束的时候，对方专工说：按照国家制定的自动调节系统调试标准，在多大干扰的情况下，系统恢复稳定的时间要小于若干分钟。我说按照这个标准，调节系统可能会发生震荡。对方说震荡没关系，只要能达到国家标准就可以。笔者重新整定系统使之达到这个标准，可是再强调系统存在震荡的可能——大干扰情况下难以稳定，半个月后，在这个参数下，该执行器烧坏。

## 6. 改变设定值以抑制超调

频繁改变设定值是干扰自动调节。尤其减温水系统，没有必要依靠改变设定值来抑制超调。那么什么情况下，需要人为干扰呢？

在系统输出长时间最大或者最小的时候，说明达到了积分饱和，需要退出系统，然后再投即可。

频繁改变设定值是干扰自动调节。

## 7. 主调快还是副调快？

因系统而定，因参数而定。常规参数：主调的比例弱，积分强，以消除静差；副调的比例强，积分弱，以消除干扰。但不绝对。

## 十七、趋势读定法整定口诀

为了让大家用起来熟练，总结一个口诀：

自动调节并不难，复杂系统化简单。
整定要练硬功夫，图形特征看熟练。
趋势读定三要素：设定被调和输出。
三个曲线放一起，然后曲线能判读。

积分微分先去掉，死区暂时也不要。
比例曲线最简单，被调、输出一般般。
顶点谷底同时刻，升降同时同拐点。
波动周期都一样，静态偏差没法办。
比例从弱渐调强，阶跃响应记时间。
时间放大十来倍，调节周期约在内。
然后比例再加强，没有周期才算对。

静差消除靠积分，能消静差就算稳。
不管被调升或降，输出只管偏差存。
输入偏差等于零，输出才会不积分。
积分不可加太强，干扰调节成扰因。
被调拐点零点间，输出拐点仔细辨，
积分拐点再靠前，既消静差又不乱。

（注：积分拐点——本章第九节整定积分时间里面讲过，被调量回调的拐点，与被调量回调到设定值的点，两个点的时刻相减，乘以三分之一，这一点叫做积分拐点。）

微分分辨最容易，输入偏差多注意。
偏差不动微分死，偏差一动就积极。
跳动之后自动回，微分时间管回归。
系统若有大延迟，微分超前最适宜。
风压水位易波动，微分作用要丢弃。

比例积分和微分，曲线判读特征真。
如果不会看曲线，多看枚策行吟文。
综合比较灵活用，盛极而衰来扼杀因。

# 十八、先进控制思想

## 1. 神经网络控制

这个系统表述起来比较麻烦。也有人叫它神经元控制。

它的成长也经历过波折。

20 世纪 40 年代心理学家 Mcculloch 和数学家 Pitts 提出了形似神经元的数学模型，后来不断补充完善。1969 年他遭受了一个打击：两个数学家从数学上证明它有很大的局限性，甚至可以说是无解的。一下子弄得研究人员灰头土脑的，都没精神了，研究于是停顿下来。1982 年有人用“能量函数”的概念拯救了神经网络控制。一直到现在，该思想方法不断取得进展。

从上面的情况来看，有人说数学是一切学科的工具，这句话真不假。各种先进控制法从诞生到发展，都离不开数学的影子。可咱们所讲的经典控制 PID 控制法，似乎与数学无关吧？不，息息相关。经典控制法其实完全离不开数学模型，本文前面之所以没有很多数学的影子，是因为咱们是在别人建立模型的基础之上的应用，包括下一章所要讨论的电厂各个实际自动调节系统，都离不开当初数学模型的建立或者指导。还有些情况下，我们能够给控制策略进行修改添加，能否成功，数学上都能够找到依据。

总的来说，神经网络控制是模拟生物感知控制。它将每个信号进行加权运算和小信号切除后，进行层运算，最终多路输出。并行计算、分步信息储存。容错能力强是它突出的优点。

为了克服它的缺点，后来又产生了模糊神经网络控制。

## 2. 模糊控制

PID 调节是精确调节，它清楚地知道调节的目标（设定值），和下达命令的大小（执行机构开度）。对于有些系统来说是很必要的。比如火电厂主汽温度调节，我们需要尽可能高的温度，以提高蒸汽的做功能力，增加热效率；同时又不让蒸汽温度过高，蒸汽温度过高管道就会变软，耐压就会降低，专业名词叫做产生“高温蠕变”。为了兼顾经济性和安全性，可以精确地给蒸汽温度一个设定值，尽力让温度保持在这个设定值周围。如果自动调节不好用，温度波动大，设定值就要降低，防止温度过高；如果自动调节效果好，设定值可以适当提高。所以，此类系统的设定值可以精确些。

而有的系统不是这样的。比如水位控制，高一点低一点都无所谓，误差几十毫米对系统影响不大。可是对于传统的 PID 控制，必须要有一个明确的设定值，超出设定值的波动都要进行调节。这样就产生了调节浪费。还有的系统，在一定范围内可以缓慢调节，超出一定范围的时候需要急剧调节，这些问题，传统的 PID 调节有它不太擅长的地方。模糊控制就是专门针对这种情况设计的。

模糊控制诞生于 1965 年。创始人是美国的扎德教授（L. A. Zadeh）。

模糊控制就是人为地把采集到的清晰的数据模糊集合化，把控制目标模糊集合化，最终再把模糊化的东西清晰化去实现控制。

因为模糊控制对精细调节的优势不明显，后来又诞生了模糊+ PID 控制，精细的区域用 PID 调节，之外用模糊。

进一步说一下：

很简单常用的一个例子：假如一个人头上一根头发都没有，那么，毫无疑问他是一个秃子。如果这个人头上只有一根头发，我们仍旧可以坚决的认为他是秃子。如果有两根呢？三根呢？哪怕有十根也是。我们就这么不断问下去，有 100 根呢？……有 1000 根呢？如果你没有不耐烦的话，我相信你的底气开始不够充足了。

那么到底有多少根头发才不算秃子？低于多少根不是秃子？没有人知道。数学很难告诉我们这个答案。

模糊数学建立起来后，这个问题开始被重视了。

假如说我们的头发大约有 50 万根吧，那么至少 30 万根的时候，他还不是秃子。我们可以设定一个界限：30 万根不是秃子。他有 30 万根头发的时候，是秃子的可能性为 0。如果他有 299999 根头发的时候，是秃子的可能性为 1/300000。这时候不管从现实中还是从数学上，他仍旧不是秃子。当这个可能性增加到 10% 左右的时候，我们会有点模糊的描述：那个人，头发有点稀；当这个可能性增加到 20% 左右的时候，我们会说他头发微微有点秃；随着可能性的增加，说他秃的人也在增加，模糊的表述也越来越少。当这个可能性增加到 90% 左右的时候，我们就可以说他秃了，虽然还有头发，但不多。

模糊数学就是这样，它把一个系统集合化。制定一个规则，然后判断符合这个规则的相似度。

我们骑自行车，目标值是一条路，而不是一条直线。只要在安全范围，我们的控制就不需要大脑干预调节，而只需要稳定平衡。我们的目标只是一个模糊的范围。

模糊控制要把被调量模糊化，但不需要过细地判断相似度。拿一个水池水位来说，我们可以制定一个规则，把水位分为超高、高、较高、中、较低、低、超低几个区段；再把水位波动的趋势分为甚快、快、较快、慢、停几个区段，并区分趋势的正负；把输出分为超大幅度、大幅度、较大幅度、微小几个区段。当水位处于中值、趋势处于停顿的时候，不调节；当水位处于中值、趋势缓慢变化的时候，也可以暂不调节；当水位处于较高、趋势缓慢变化的时候，输出一个微小调节两就够了；当水位处于中值、趋势较快变化的时候，输出进行叫大幅度调节……

如上所述，我们需要制定一个控制规则表，然后制定参数判断水位区段的界值、波动趋势的界值、输出幅度的界值。

通过上面的描述我们可以看出，模糊控制的优点在于：

① 不需要精确的数学模型，只要合理的制定规则就可以了；

② 如果规则和参数制定合理，那么系统具有小偏差和静差，根据情况灵活调节、大偏差快速调节的效果。比单纯的 PID 调节反应灵活且快速；

③ 执行机构要么不动，要么一下子调节到位。

模糊控制的复杂在于：

① 规则的制定要占用较大的精力；

② 参数（界值）过多，整定起来较为复杂；

③ 虽然不需要精确的数学模型，但是我们在制定规则的时候，还要对系统相当的熟悉，知道什么情况下怎么调节。

上面仅仅是一个简单的单回路调节系统。如果让我们来制定减温水调节系统的规则，那么系统规则会变得更复杂，参数也会更多；制定一个三冲量调节系统，系统就更庞大。如果再加上与 PID 控制的结合，系统就显得臃肿了。

Chapter 3

# 第三章 火电厂自动调节系统

## 一、火电厂自动调节系统的普遍特点

火电厂与其他行业的自动调节系统有一些不同。一般来说，火电厂的自动调节在如下几个方面有自己的特点。

### 1. 调节周期的长短

一般来说，电厂自动调节系统的调节周期都在十几分钟内。不同的系统周期不一样，短的可以接近几分钟。

而化工行业的调节周期有的很长，甚至可以达到几个小时。周期长对于观察曲线不利，整定参数也慢。周期短有利于迅速确定参数。

也有的行业调节周期非常短，在几秒甚至几十毫秒之内。周期过短对控制系统要求很严，一般的 DCS 根本不能满足这么短的调节周期。因为 DCS 的巡测周期在 200～1000ms 之内，运算周期也长。个别的 DCS 卡件虽然可以达到毫秒级，但是它们不能进行复杂的 PID 运算。长的运算检测周期，不能捕捉到被调量的每一个波动，更加不能指挥控制被调量的波动了。所以特别短的调节周期需要专门的控制器。整定参数也只能放大调节周期，观察调节曲线。对维护人员来说，要更依靠对调节曲线的判断了。

### 2. 干扰因素

火电厂的干扰因素很多，煤质严重不稳定，实际燃烧用煤不仅波动大，甚至还严重偏离设计煤种，对燃烧造成困难，对自动调节系统也造成很大的干扰。其他的问题有：某些电厂设计磨煤机出力偏大，单台启停干扰大。送引风机出力偏小，风压调节裕度小。

上述问题的存在影响最大的有：汽压不容易稳定，燃烧不稳定，主汽温度干扰大，风压不容易稳定，炉膛压力不容易稳定，汽包水位受到影响。

这些干扰的存在使得火电厂自动投入比较困难。它可能比水电、核电、化工等行业的自动调节都麻烦。

### 3. 滞后和惯性的长短

火电厂的调节系统，滞后和惯性都一般都在 10s～5min 以内，一般的调节系统都小于 1min；比较大的滞后和惯性系统是蒸汽温度调节系统，滞后也在 5min 以内。

有的化工调节系统，滞后和惯性要超过几个小时。所以那些系统要解决的重要问题就是克服滞后和惯性。

对于火电厂来说，蒸汽温度控制的复杂性，不仅仅在于滞后和惯性较大，还在于各种干扰因素同时存在，难以穷列各个因素，因而控制策略往往难以确定，给自动的投入带来很大的困难。

### 4. 系统耦合

火电厂机组负荷与蒸汽压力互相耦合干扰，送引风之间相互耦合，高低加除氧器之间相互耦合等。耦合产生干扰。投自动的时候，需要考虑耦合系统的干扰，考虑解耦。

### 5. 系统复杂

一般来说，其他行业采用单回路的系统多，双回路的系统比较少。火电厂大量应用双回路甚至更为复杂的调节系统。双回路比较典型的是汽包水位三冲量调节系统。更为复杂的是协调系统，它是包括了串级、并联多回路、多变量、多耦合多输出等调节系统的综合。

协调系统的控制策略看起来虽然很麻烦，可是只要掌握了控制原理，分回路进行参数整定，系统整定也没有那么困难。

## 二、自动调节系统的跟踪

自动调节系统，一定要实现无扰切换。什么叫做无扰切换？

无扰切换就是在手动状态切换到自动状态的瞬间，或者自动切向手动的瞬间，要没有任何扰动。一般来说，实现自动切手动问题不大，要实现手动切自动，问题就复杂了点。

### 1. 对于单回路调节系统，实现无扰切换比较简单

简单来说，有以下几个部分。

#### （1）手动情况下，调节器的输出跟踪执行机构的反馈

手动时候，调节器的运算不算数，它的输出始终等于执行器的反馈，这叫做跟踪。当自动投入的瞬间，调节器开始运算，这一瞬间开始运算的结果，叠加到这一瞬间跟踪反馈值上，以后每一时刻都是在上一时刻输出值的叠加。那么这就引出了第2个功能。

#### （2）调节器的输入端应该有一个执行器的反馈值

这个反馈值没有太大的作用，它只是告诉调节器：执行器现在开度是多少。在自动状态下，这个值也没什么用处。只有在手-自动切换的瞬间，调节器要开始累加值了，调节器才要知道在什么基础上累加。仅此而已。

所以，一般分析问题总是把这个值忽略，因为它基本上对分析构不成什么影响。

#### （3）手动情况下，调节器的设定值跟踪被调量的测量值

也就是说，手动的时候，让调节器的设定等于输入。

要这个功能有什么用处呢？

还是为了无扰切换。在手动的时候，调节器实现了反馈跟

踪，可并不能杜绝切换扰动。具体工作原理说来要麻烦一些。

假定没有设定值跟踪功能，假定手动情况下反馈开度固定在50%，此时调节器并非不运算，它每一时刻的运算结果始终是比例积分微分的运算结果。比例的运算结果不管怎么变化，始终是偏差乘以比例增益再加上50%。不管在任何时刻投自动，所能产生的扰动始终是偏差乘以比例增益。

积分作用所产生的扰动是偏差产生后，积分积累到手自切换时刻的结果。所以积分作用所带来的扰动可能比比例要大。

微分所能产生的扰动在于，手自切换那一时刻，与上一时刻比较，被调量和设定值的偏差有没有变化。如果手自切换的时候，遇上一个检测周期相比较，输入偏差没有变化，那么微分所带来的扰动就为0，如果有变化就要有微分运算。

综合比较，微分作用产生的手自切换扰动的可能性最小，因为很难在运行人员投自动的时候遇到大扰动；其次是比例作用产生的扰动，偏差乘以比例增益；最大的扰动可能是积分作用导致，因为前两个都不会累加，而积分作用会累加。

当然，产生扰动的大小还要看参数的大小。

为了彻底避免产生参数运算带来的扰动，我们让手动时候，输入偏差始终为0，这种情况下，不管进行比例还是积分还是微分运算，其结果都是0，所以它可以最大限度地避免切换扰动。

但是通过上面的情况可以看到：微分扰动产生的可能还是有的，不过可能性小，量也不大，基本上可以忽略。

## 2. 串级调节系统的无扰切换

串级系统的跟踪要麻烦些。

先说副调。手动情况下，输出等于执行机构位置反馈。设定值等于PID调节器的测量值。

可是副调的设定值又等于主调的输出，所以主调的输出等于副调的测量。主调的设定等于主调的测量值。

副调的调节器输入端，需要有执行机构的反馈值作为手-自切换时候的累加基础。主调的输入端也要有一个手-自切换时候的累加基础，而这个累加基础为副调的测量值，而非执行器反馈，因为此时需要累加的是执行机构的测量值。

## 三、高低加水位自动调节系统

### 1. 基本控制策略

一般来说，高加和低加系统都采用单回路调节。在不考虑系统耦合的情况下，它们是火电厂最简单的自动调节系统了。调节原理框图如图 3-1 所示。

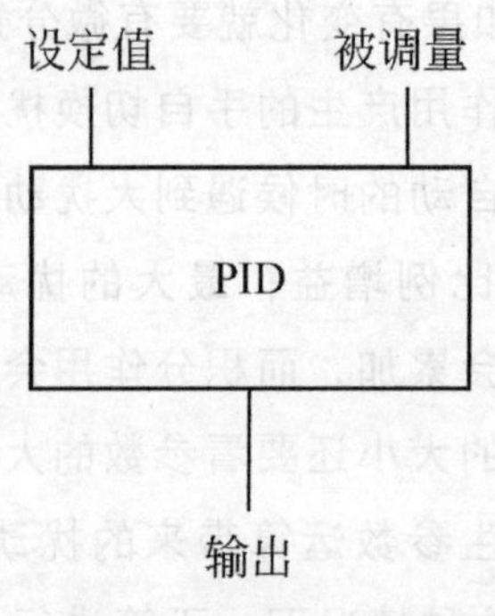


图 3-1 调节原理框图

20 世纪 90 年代以前，国内的调节系统都采用单元组合式仪表，也就是说有比例调节器，有积分调节器。如果使用无差调节的话，需要使用两个调节器：比例和积分调节器。这种情况下，尽可能使用少的调节功能就比较重要。一方面节省了费用，另一方面节省了宝贵的空间——当时几乎所有控制测量设备都很庞大，控制间一般都比较拥挤。所以这个时候，高低加调节系统都采用纯比例调节。也有的电厂感觉高加系统更加重要，就把高加系统也加上了积分调节器。

20 世纪 90 年代左右，国内引进了组件式控制系统，叫 MZ-Ⅲ型组件控制系统。目前许多教科书在讲述自动调节系统的时候，还大量用 MZ-Ⅲ作为基础来讲述控制策略。

这个系统的调节器功能多了，既有单独的比例、积分、微分调节器，又有组合了比例积分、比例微分、比例积分微分的调节器，可以不用过多考虑空间限制了。可是该组件故障率较高，即使是多功能调节器，也是把比例、积分、微分三种功能叠加到一个调节器内部，所以故障率还是有的，购买成本还是偏高的。

所以当时也有纯比例调节系统的存在。

后来，国内电厂掀起大规模的 DCS 改造和应用风潮。对于 DCS 来说，增加一个积分运算功能不涉及到任何费用，并且 DCS 内每个调节器一般都要加上比例积分作用，就看用户愿不愿意使用了。那么在使用积分不会带来费用和空间问题的情况下，纯比例作用渐渐要绝迹了。

但是对于积分作用的应用，理论上还有必要搞清楚一个概念：自平衡能力。

## 2. 自平衡能力

还是前面说的那个水池。上面一个进水管，下面一个出水管，见图 2-10。

如果进水管流量增大一些，水池水位会增高，导致出水口压力增大，出水阀前后差压增大，出水流量也增大，一直增大到进出水流量相等，水位在新的高度不再变化。

这说明这个水池不需要经过调节，水位就可以自动稳定在一个水平。我们说：这个水池具有自平衡调节能力。

还是这个水池。如果把出水阀换成了泵，当进水流量做一次改变的时候，不管入口压力多大，泵的出水量高始终不变化，那么水池的水位会一直改变下去。很简单，这个水池没有自平衡能力。

那么自平衡能力有什么用处呢?

我们来看：当进水阀开大后，流量增加，水位升高。调节器调节使得出水泵开大，让水位降低。当出水泵开到一定地步，进出口流量相等的时候，水位保持平衡。可是这个时候因为积分的存在，积分使得泵以最大的速度继续开大，一直到水位等于设定值泵的流量才停止变化。而此时，出口流量又远大于进口流量，故此水位不能稳定，形成震荡。

这个描述存在如下两个问题。

① 积分的速度与积分参数和输入偏差有关。进出口流量相等的时候不是水位偏差最大的时候，而是水位略微有所回调。所以此时泵的改变速度不是最大。

② 如果比例积分设置参数合适，这个系统是个**逐渐收敛**的过程。在手动状态下，出水流量通过增加-降低的反复调节，最终水位可以**稳定在任何一个值**，而不是某一个特定值。那么比例、积分作用使得出水流量的反复波动，最终应该可以稳定，并且实现无差。

所以，实际上，不管有无自平衡能力，都可以使用积分作用。只是有自平衡能力的调节对象的参数更容易整定，调节更容易稳定。

## 3. 随动调节系统

有人曾经提过：电厂有一种随动调节系统，也就是自动投入时候只要在正常水位范围内，可以稳定在任何一个定值。要实现这个功能很简单，就是去掉积分作用，用纯比例调节。因为纯比例调节没有消除静态偏差的功能，当然可以稳定在任何一个值了。

对于与随动调节系统，应该还有一种方式：设定值是经常变动的。这样的系统很多：火电厂的滑压运行方式，这个滑压就是压力需要平滑的波动，其设定值就应该是个波动的函数。还有在中调控制下的机炉协调（专业术语叫做 AGC）的机组负荷设定值，应该也算是经常变动的。

电力行业之外，这种系统也很多。比如管道焊接中，为了消除热应力，需要对焊接点进行控制下降温度法，这个控制下降的温度设定值，就应该是经常变化的，甚至是用时间函数来确定的。

从这个意义上讲，设定值常变，有三种情况：

① 随便让它变，不加控制；

② 加以控制，根据时间或者其他情况，对设定值做有规律的修改；

③ 设定值是受其他因素控制的函数计算值。

## 4. 对于系统耦合的解决办法

我们之所以专门介绍高低加调节系统，就是因为系统之间存在着耦合，而且这种状况在电厂中非常普遍。图 3-2 是一个电厂的低加系统耦合情况示意图。

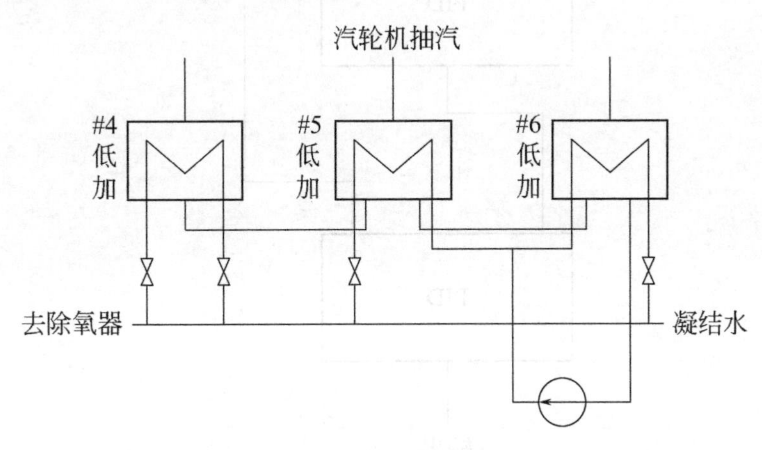


图 3-2　低加系统耦合情况示意图

# 4 低加的凝结水流入# 5 低加，# 5 低加的凝结水流入# 6 低加。对于# 4 低加来说，自动投入很简单，没有耦合，用一个简单的单回路调节系统足可以了。可是对于# 5 低加来说就不太好，因为它要接受# 4 低加来的凝结水。在有的系统中，上一级低加来的凝结水流量波动不太大，对本系统干扰不大。而如果上一级来的流量波动大，足以大幅度影响本系统的水位的时候，就

必须要关注系统耦合了。

解决的办法前面已经说过，加一个前馈。可以对# 4低加的输出增加一个流量测点。然后把此流量信号作为本系统的前馈。可是增加流量测点涉及到安装问题。如果用流量孔板测量，需要寻找一个数米长的直管段，拥挤的汽机空间不一定能够找到这么一个直管段；还需要投入一定的费用购买流量孔板和变送器。所以许多厂矿没有流量测量装置。那么，我们可以让# 4低加输水的执行器反馈作为# 5低加水位的前馈信号，控制策略原理框图如图 3-3 所示。

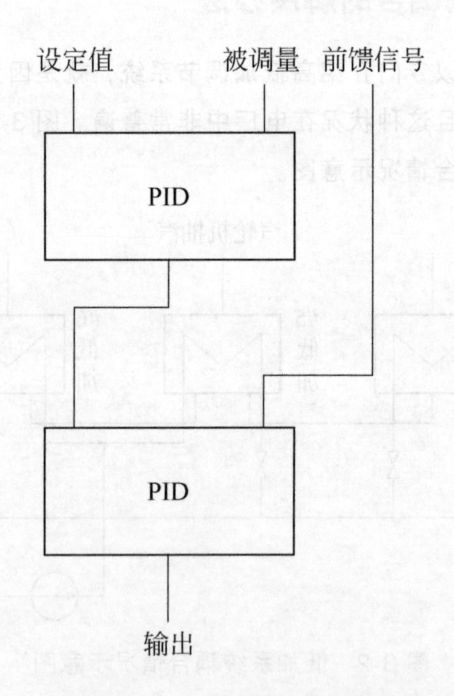


图 3-3　控制策略原理图

也有人会说：前馈信号到底带来多大干扰时，需要对干扰情况进行调节呢？这个问题在副调的 PID 调节器内就可以解决，也就是修改比例带的大小。不过也有很多人倾向于给副调的测量值加上一个系数，也可以。控制策略原理框图如图 3-4 所示。

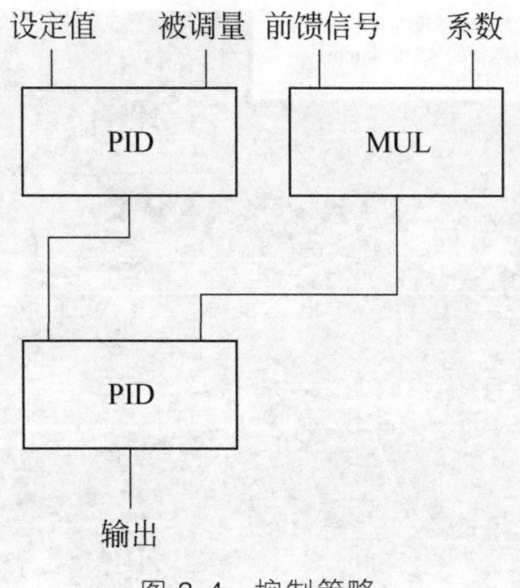


图 3-4　控制策略

## 5. 几个问题

① 为什么要用串级调节，而不能用单 PID，在单 PID 的输出叠加前馈信号？

因为跟踪不好实现。具体道理，在第二章第十三讲，比例、积分、微分综合整定里面已经说过。

② 如何设定死区？

前面讲过，死区的设置可以有效避免执行器的动作次数，提高执行器的寿命。但是死区设置过大，不但会影响调节系统的调节精度，而且会造成调节滞后，影响系统稳定性。图 3-5 就是死区过大影响系统稳定性的例子。

那么，死区设置多少合适呢？一般来说，对于高低加系统，其总量程都在 1000～2000mm 之间，可以在设定值 ±（10～20）mm 之内不运算。那么死区可以设置为：

$$(10\sim20)/(1000\sim2000)=0.5\%\sim2\%$$

在一般的 PID 调节器内，死区往往是百分量。所以就可以省略地写为 0.5～2。

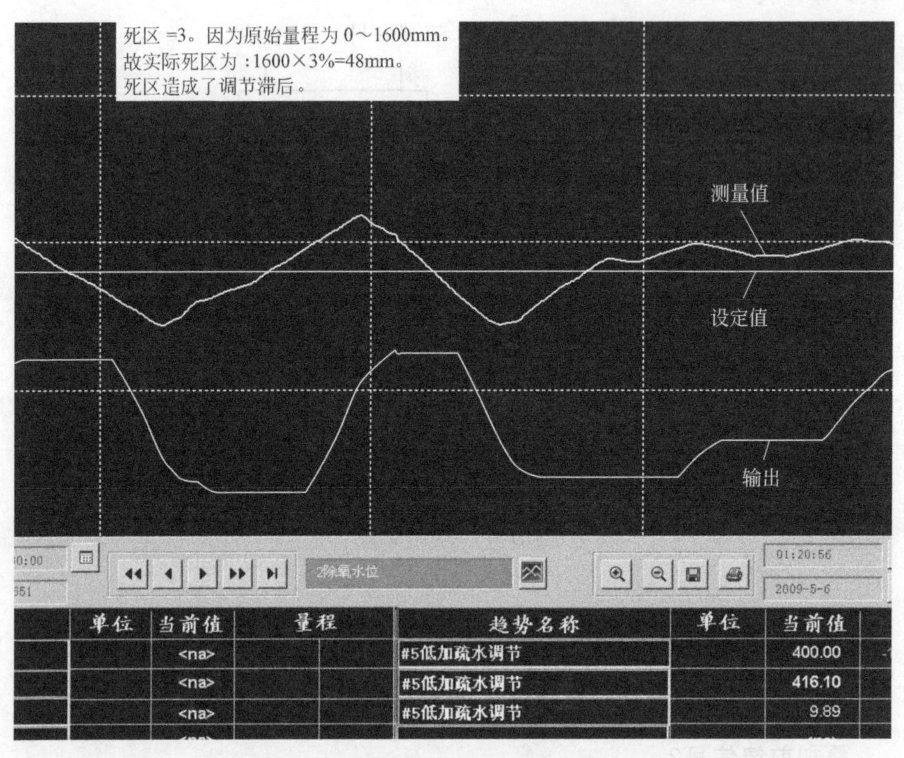


图 3-5　死区过大影响系统稳定性

如果实际整定过程中，还发现死区过大，可以设置更小。

③ 那么怎么判断调节系统是因为死区过大造成的不稳定?

很容易。我们可以观察被调量和输出的曲线。当死区存在的时候，输入偏差在死区以内，调节器的输出曲线是一条水平的直线。如果系统不稳定，并且水平直线过长，就可以判定为死区过大。

当被调量开始回调的时候，输出也跟着回调。可是回调到一定的地步，输出不变了，为什么? 死区的存在所致。如果系统不能稳定，死区过大，死区的存在导致回调滞后，下一个回调的波峰推迟出现。如果系统能够稳定且波动较小，说明死区设置合理。合理的死区几乎不会造成回调滞后。

引起调节滞后的原因有很多种，最主要的是积分时间过小和死区过大。要注意二者之间的区别。

### 6. 偏差报警与偏差切除

我们设计自动调节系统，目的就是为了让系统能够安全稳定运行。为防止出现意外，必须要有一个偏差报警和保护功能。

现在的调节系统已经比较完善，在调节器内往往都有偏差保护功能。

所谓的偏差保护，就是当调节器的输入偏差达到一定值的时候，要把自动切换到手动状态的功能。

如果调节器内没有这个功能，就需要在控制策略中添加该功能。

除了被调量与设定值的偏差保护外，还有一个输出与反馈的偏差保护功能：当调节器的输出与执行机构的反馈达到一定值的时候，说明执行机构出现了故障，要么执行机构误动，要么拒动，或者反馈故障。发生这样的异常，也必须要把系统切除到手动状态。

切除到手动状态，一方面是保护系统不致出更大的问题；另一方面是提醒运行操作员，系统出现故障，需要手动干预；同时需要检查系统，消除缺陷。

## 四、汽包水位调节系统

现在，大容量高参数的机组多采用直流炉。直流炉没有汽包，所以不用考虑汽包水位调节。但是国内低参数机组还大量存在。300MW 机组中，也还有一些汽包炉。对于汽包炉，最重要的自动调节系统之一，就是汽包水位三冲量调节系统。

### 1. 任务与重要性

任务：

① 维持汽包水位在允许范围内。正常水位一般是汽包中心线以下 100～200mm 处。

② 保持给水流量稳定。给水流量要剧烈波动，不光影响执

行机构，还影响省煤器和给水管道的安全运行。

重要性：

这个不用多说，都知道它非常重要。20世纪80年代末期，某电厂汽包水位自动失灵，运行人员没有发现。水位一直上升到满水，导致过热蒸汽中含水量增加。湿度较大的蒸汽进入汽轮机后冲刷汽轮机叶片，导致应力不均。最终汽轮机飞车，汽轮机大轴飞出汽缸外壳，飞离汽轮机几十米。整个机组彻底报废。

笔者曾经亲身经历过一件操作失误，现拿出来跟大家分享(心有余悸的分享!)。

当时笔者所整定的机组是200MW级中间仓储式锅炉。640t/h定速泵。依靠给水调节门调节给水流量，从而调节汽包水位。那时候还没有DCS操作系统。用的是国电智深的EDPF-3000集中控制系统。运行操作盘还保留有操作器。

笔者当时正在一边整定参数，一边思考问题。设置参数的时候，把比例增益少写入了一个小数点！不是少写，而是操作键盘很不灵敏，那个小数点按下去后，没有反应。结果比例增益本来是1.5，确认后变成了15！马上造成系统震荡。

当时马上快速进行一系列操作：切自动为手动，自己手动干预操作器，操作给水调整门恢复正常，且比正常值高出10%左右（具体数值没记住），以弥补流量突降带来的损失。完成这一系列操作之后，才有时间舒了口气。当时汽包水位还没有来得及波动，水位随后来了一个小波动后显示正常。——咱们前面说了，自动控制人员甚至要比操作员更熟悉某些系统的操作，一方面是因为判断参数的需要，另一方面，在紧急时刻还是很有用的。

以后再整定参数的时候，一定会注意多看一眼小数点和具体数值，才敢确认。

因此，在没有熟悉调节系统之前，千万不要随便去整定非常重要的自动调节系统，即使比较熟悉了，还一不小心会出错。这就是本章我先讲述高低加水位调节系统的原因——虽然不能说不重要，但是它对参数没有那么敏感，出了问题还有补救的时间。建议整定参数先从低加水位开始。

## 2. 锅炉汽包

锅炉就好比一口大高压锅，下面添着柴火，中间加着水，上面抽着汽。

锅内的水位是什么样子呢？如图 3-6 所示，锅里面一直在咕嘟沸腾着，有大量汽泡往上冒，所谓的汽包水位，就是包含了大量汽泡的水的高度。汽泡产生的多少有两个因素：火烧得旺不旺，和锅内压力有多高。火烧得越旺，水里面产生的汽泡就越多；锅内压力越高，压迫水里面产生的汽泡越少。

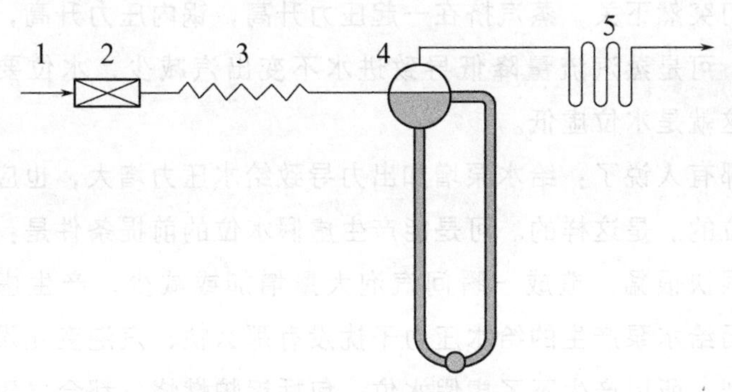


图 3-6　锅炉汽包示意图

1—给水管；2—给水调节阀或调速泵；
3—锅炉加热器；4—汽包；5—过热器加热管道

水的沸腾点与当地大气压有关。高原上大气压力低，容易产生汽泡，容易沸腾，沸点就低。

那么如果某一时刻水面下汽泡突然增多，就有两个可能：一是，此时下面柴火烧得旺，水里面产生的汽泡多；二是，此时锅内压力降低，汽泡产生多。

汽泡产生多了，带来一个现象就是汽泡混合在水中，把水面也抬高了。

## 3. 虚假水位

柴火多，烧得旺，水位升高，这是实打实的升高了。还有一种升高是虚假的升高。

假如是蒸汽流量突然增加，进水量还没有来得及改变，出汽量先增加了，进的少出的多，水位应该降低。实际情况不是这样的。

大锅里面的蒸汽减少，锅内压力降低。导致水里面产生的汽泡增多，汽泡哄抬着水位升高了。

矛盾出来了。出气量增加水位不降反升，反升的水位叫做"虚假水位"。

虚假水位不仅仅是指水位虚高，也可以指水位虚低。假设汽机调门突然下关，蒸汽挤在一起压力升高，锅内压力升高，水位降低。可是蒸汽流量降低导致进水不变出汽减少，水位要增加的。这就是水位虚低。

那有人说了：给水泵增加出力导致给水压力增大，也应该干扰水位的。是这样的。可是能产生虚假水位的前提条件是：干扰来得很快很猛，造成一瞬间汽泡大量增加或减少，产生虚假水位。而给水泵产生的给水压力干扰没有那么快，汽泡变化没有那么猛烈，所以产生不了虚假水位。包括锅炉燃烧，都会导致锅炉压力改变，但是都不能造成虚假水位。

虚假水位让自动调节很为难。本来负荷升高应该增加给水量，可这时候自动调节系统明明看到水位偏高了，水位偏高了就要减少给水量，这样一调节，最终让水位变得更低。

所以，要调节水位，必须要考虑虚假水位。

## 4. 汽包水位的测量

汽包水位的测量是个很重要很麻烦的问题。一般来说，从概念上讲，调节系统的被调量不要求太精确，只要求趋势准确就可以了。可是对于汽包水位，有许多地方测量误差较大，设定值的设定就要斟酌了。如果误差足够大，对系统的安全性是有很大影响的。

汽包水位的测量方式有很多种。常见的有电接点水位计、云母水位计电视监测装置、平衡容器差压测量变送器。

① 电接点水位计测量直观可靠。可以远传，如果愿意，可以进入 DCS。但是因为该测量方式属于间隔式测量，不能连续不间隔发送水位信号，故只作为一个检测手段，不能作为调节系统的被调量。

电接点测量方式也有测量误差的。因为测量筒伸出汽包之外，温度会比真实的汽包水位有所降低。温度降低，密度增大，故水位会有所偏低。目前，已有内置式电接点水位计，可以弥补这个缺点。

② 云母水位计也是用连通管引到汽包之外，用云母显示实际的汽包水位，然后通过摄像头传到远方。云母水位电视监测装置可以显示连续信号，显示也比较可靠，只是不能转化为电信号，所以也不能作为调节系统的被调量来用。

目前也有一种磁翻板液位计，通过摄像头传递到远方。原理同上。

③ 平衡容器差压变送器测量是目前应用广泛的，作为调节系统被调量的测量方式。

④ 测量液位内部的压力，可以反映液位的高度。在一般的开式容器中，容器内的环境压力变化微小，相比于液位高度，环境压力变化基本可以忽略不计。所以，开式容器或者是容器内环境压力基本没有变化的容器，其液位测量基本上使用压力变送器测量。

但是火电厂的汽包水位内，环境压力是经常波动的。如果用单纯的压力变送器的话，不能反映水位的变化。为此设计了双室平衡容器。

平衡容器汽包水位测量方式进行了多次改进。在改进的过程中，主要的测量方式有：双室平衡容器、具有压力补偿的平衡容器、单室平衡容器等。目前，应用广泛的是单室平衡容器。测量也较为可靠。

不管哪种平衡容器测量方式，都是把平衡容器中的高度差转换成电信号。下面绘出了单室平衡容器的测量原理图（图 3-7）。

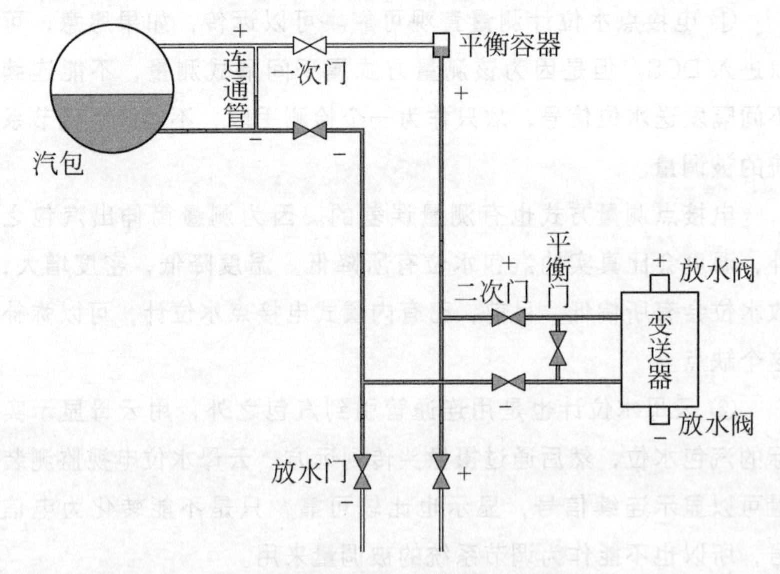


图 3-7　单室平衡容器的测量原理

图 3-7 中，平衡容器给测量提供了一个参比压力，它给差压变送器提供了正压侧压力 $P_+$。汽包内的水通过管路进入变送器的负压侧，负压侧的压力反映了水位的变化。

当汽包内部环境压力改变的时候，正压侧和负压侧同时感受到了压力的改变，两者相减，得到了纯粹的水位波动量。这个纯粹的波动量就是汽包水位了。

## 5. 影响汽包水位测量波动的因素

一般情况下，我们经常把测量误差和测量偏差两个概念混淆。

一种是从取样点出发，一直到 DCS 或者其他显示单元，由于这一段原因所产生的误差，我们可以称之为测量误差。

一种是在汽包内部波动状况不一致，而造成变送器产生误差的“感觉”，我们可以称之为测量偏差。

影响汽包水位测量波动的因素如下。

### （1）温度压力

由上面的叙述，我们虽然可以得到水位纯粹的波动量，但是这个波动量还是要受到其他因素影响的。主要的影响因素是水的密度。图 3-7 中，虽然管路中的密度变化可以相互抵消，但是正压侧的密度和汽包内水的密度是有差别的。一则因为平衡容器内部温度改变密度也会改变，再则汽包内压力改变密度也会改变。所以影响汽包水位测量的重要因素是压力和温度。

平衡容器内水的密度基本上无法准确测量，可以根据温度压力来计算出来。目前的 DCS 系统都有成熟的压力温度修正公式，此处不做详解。

上面的叙述我们可以知道：温度压力影响的是测量误差。

### （2）水位的平衡

汽包内的水位是一个动态的平衡。一方面汽包下侧的水大量蒸发，会引起水位下降；另一方面水冷壁的水不断补充，维持平衡。水位的平衡除了蒸发与补充以外，还有一个重要的因素：水面下气泡量。气泡暂态增多，水位就会暂时增高，反之下降。影响气泡量的最主要的因素有两个：汽包压力、吸热量。

汽包压力增高，使得汽包内水下的气泡量减少，水位就会暂时降低。反之，如果汽包压力降低，暂态水位就会升高。这一点似乎不大容易理解。其实生活中我们也会遇到这样的情况：我们从商店里面购买的汽水或者啤酒，未开瓶的时候，瓶内压力很大，瓶盖一打开瓶内压力急剧降低，汽水或者啤酒中大量气泡逸出，造成瓶内暂态水位急剧升高，造成汽水啤酒大量外溢。

同样的，吸热量增加或者减少也会造成汽泡量的急剧改变，也会造成暂态水位的改变。

我们可以看出：上面的叙述是测量偏差，它是由引起水位本身波动所引起的。

### （3）燃烧工况对水位测量偏差的影响

燃烧工况的改变其实就是吸热量的改变。它直接影响到气泡量的改变，从而影响暂态水位。我们在此具体分析可能影响的因素。

① 磨煤机启停。磨煤机的启停对锅炉燃料量、进风量都会有影响，如能造成火焰中心偏移从而大幅度影响燃烧使得水位改变。

② 空气动力场。一二次风不均衡和气流刚性的影响，导致火焰“烧偏”，火焰中心移动，使得左右水位测量发生偏差。

③ 燃烧器摆角改变。摆角导致火焰中心偏移。

④ 水冷壁结焦影响。由于水冷壁结焦导致两侧吸热不均。

⑤ 吹灰影响。吹灰器启动后，导致水冷壁结焦突然脱落使两侧水冷壁吸热不均。

⑥ 烟气挡板开度的改变。挡板开度改变会影响烟气流速改变，从而影响汽水系统的吸热，进而影响汽包水位。

上面的分析说明：燃烧增强会让水位升高。但是这个升高是暂时的。水位升高必然会影响调节，使得给水量减少，汽包水位还会降低。所以我们可以很勉强地说：燃烧工况的改变会产生虚假水位。为什么说勉强呢？在下一节会说这个问题。

以上是侧重于对锅炉侧燃烧工况的分析。锅炉侧燃烧干扰，一方面会影响汽包水位的改变，另一方面会影响到左右侧汽包水位测量的偏差。在这一方面思考较少的工程师们，往往会对汽包水位偶尔左右侧偏差大感到棘手。这是因为没有细致分析燃烧干扰因素的原因。

燃烧的干扰往往伴随着汽包左右侧测量偏差的增大。下面要从机炉平衡的角度来说说影响汽包水位的因素。机炉的供需平衡往往直接影响汽包水位，而基本上不影响测量偏差。

## 6. 汽包供需平衡对汽包水位的影响

从供需平衡的角度讲，归纳起来，影响汽包水位的因素可以分为两大部分：锅炉侧和汽机侧。

汽机侧是蒸汽量的改变，影响最麻烦，因为它有虚假水位的产生。

如果是炉跟机控制方式的话，汽机调节负荷，那么机组负荷也算是汽机侧的干扰。

汽机侧干扰都是锅炉外部的干扰，统称外扰。外扰的种类比较少，但是影响很大。

锅炉侧的干扰因素很多。给水泵转速的变化，燃烧的变化，进煤量的变化，减温水量的变化，阀门线性的恶化，机跟炉方式下的负荷变化，都会影响到蒸汽压力。这些可以通称为内扰。内扰的种类很多，但是影响也很大。细分起来，内扰包括如下因素。

执行机构与传动方面：执行机构的线性、死区、空行程、回差、执行机构及阀门的特性曲线。

煤量变化：磨煤机、排粉机的启停，给粉机的启停、转速波动等。

系统介质参数发生变化：指给水压力、蒸汽压力变化，导致给水流量变化。

上述问题都会对系统的调节造成干扰。甚至，上述的情况在运行过程中，不是一成不变的，介质参数随时发生变化，其他参数可能缓慢发生变化。火电厂其他调节系统中，可能可以不考虑这些变化，对于汽包水位自动调节系统，就不能不考虑。在一个中等容量的机组中，一般汽包水位对给水流量的变化非常敏感，流量变化 10t/h 左右，就会造成水位逐渐上升。而一般执行机构动作 1% 的开度，就足以造成 10t/h 的流量变化。

还有个比较特殊的问题需要说明。有的资料上讲“燃料量的增加也会导致虚假水位”，具体的机理是这样的：

假如燃料量突然增加，蒸发强度增加，如果汽机调节阀不改变，则汽包压力升高，蒸汽输出量增加。由于给水流量没有变化，则蒸发量大于给水量，水位应该下降。但是因为汽包内汽泡增多，导致水位虚高，形成“虚假水位”。因为蒸发量导致改变，所以应该算“外扰”。这个虚假水位更轻些，延迟的时间更长。

对于这个问题，笔者感觉不是这样的。

首先，假如燃料量徒增，蒸发量增加，前面说了，汽包水位会暂时升高。

而此时不会发生“如果汽轮机调门不变化”。因为如果蒸发量和汽包压力增加，而调门如果不变化，就会引起负荷升高。负荷超高必然要关小汽机调门。关小调门导致汽包压力更高，汽包压力增高，又会导致汽包水位“虚低”，产生了虚假水位低。

综合起来，水位在此时会产生不容易抑制的波动。

我们在这个角度不应该孤立地看待系统。各个系统都是相互影响的。蒸发量大必然影响到汽机调门，燃料量改变必然影响到汽包压力。

那么我们应该把燃烧的扰动归纳为内扰还是外扰呢？一般书中说它属于外扰。这个问题其实很麻烦。在影响到水位之前，它没有直接影响到蒸汽流量，所以不能算外扰。如果说它影响到蒸汽压力增高导致了虚假水位，那么说明它存在外扰的因素；同时它又直接影响的汽包内部水泡的产生，所以也应该算内扰。并且内扰在先，外扰在后。同时，不管是内扰还是外扰，水位的改变必然会引起对给水量的调节。

可是这个所谓的“内扰”又很特殊。特殊在哪里呢？咱们下一节再说。

## 7. 制定控制策略

我们制定调节系统的控制策略有一个基本方向：有什么样的干扰就制定什么样的抑制干扰的对策。

前面分析了所有影响汽包水位调节的因素，不能针对每一项干扰都制定一个策略，那样控制策略会变成巨无霸，不仅看起来让人头疼，而且参数整定也很麻烦。不光汽包水位是这样的，其他系统也往往有很多干扰因素。所以，对待控制策略我们还要有一个思路或者原则：尽量归纳各种干扰因素，把各种因素精简为最少的最重要的几个参数。

前面说了，各种干扰因素最终归纳为两大类：内扰和外扰。可是内扰和外扰是不可测量的因素。我们应该还可以找到更为简单有效的办法。

内扰的代表是给水流量，外扰的代表是蒸汽流量。

不管是压力还是燃料，不管是执行机构还是阀门线性，最终都要影响到给水流量上面；不管是负荷还是调门开度还是蒸汽压力，最终都要影响到蒸汽流量上面。

而且最为重要的还有对于虚假水位的反应。

当虚假水位产生的时候，一定是汽轮机调节门改变导致蒸汽流量变化的时候。这个时候先不管汽包水位是多少，只要看蒸汽流量变化没有就可以了。假设负荷突升，蒸汽流量突升，蒸汽压力突降，水位虚高。在调节系统中，副调的蒸汽流量突高，副调输出增大，以弥补流量变化带来的缺口，几十秒后水位虽然产生虚高，输出还要减小，可是这时候副调的运算已经在一定程度弥补了虚高的损失，最终让波动抑制在最小。

从上面分析可以看出：副调的参数设置非常重要。可以这样说：能否消除虚假水位，能否克服各种扰动，关键是看副调的参数设置的是否合理。参数设置放在后面，先把控制策略说完整。

我们通过给水流量和蒸汽流量可以把各种干扰都包含在内吗？不一定。上一节说了，燃料量的干扰没有直接作用于给水流量和蒸汽流量。所以燃料量的干扰仅仅靠副回路是无法消除扰动的。

所以，汽包水位三冲量调节系统，没有从理论上克服所有的干扰。幸而，燃料量带来的干扰是矛盾的。上一节分析了，一方面燃料量直接带来了内扰类型的虚假水位；另一方面，从蒸汽压力的改变方面来看，带来的外扰类型的虚假水位又跟内扰类型的相抵消。

对于机组整体运行来说，只要机组负荷不改变，燃料量的扰动最终不应该对给水量造成较大影响。如果燃料量长久保持在扰动后的水平，那么给水量的改变也是很小的。

因为燃料量的干扰不需要给水作过多调节，因而这个扰动可以忽略，基本上主调可以控制稳定。

那么现在，思路已经完全清楚：依靠汽包水位、蒸汽流量、给水流量作为汽包水位的调节要素。也就是人们常说的汽包水位三冲量自动调节系统。

给水流量作为内扰，作为调节系统的反馈信号。蒸汽流量是外扰，作为系统的前馈信号。两者在调节器的输入端相减。正常情况下，它们应该相等，有测量误差导致不相等也没有关系。我们自动调节系统最关心的，其实不是数值的大小或者准确度，而是数值的波动趋势。只要趋势完全能够反映测量值的波动就可以了。具体控制策略的原理框图如图 3-8 所示。

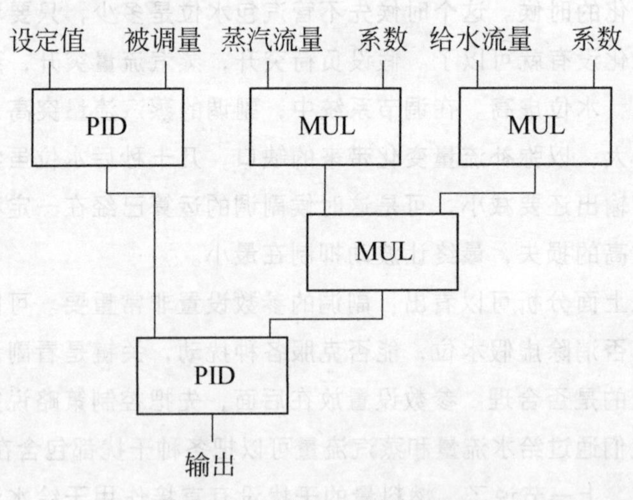


图 3-8　控制策略的原理框图

## 8. 捍卫“经典”

经典就是那些已经被证明并且普遍在应用、轻易不可被否定的理论或者成就。经典可以被修正，可以被纠偏，但不会被彻底否定。汽包水位三冲量自动调节系统是真正的“经典”。

我们之所以会不厌其烦地罗列汽包水位的干扰因素，是因为许多人总是要妄图修改这个控制策略。比如有人说因为减温水流量取自于给水流量，减温水的增加会导致给水流量的减少，所以要在控制策略上添加减温水流量。

还有人建议：因为机组负荷干扰太大，所以也要添加机组负荷作为前馈。

就这样，控制策略越来越复杂，所要调整的参数越来越多，控制效果不见得有多大好转。

所以，要给“经典”两个字正名。经典之所以叫经典，就是如果没有非常特殊的情况，是没有必要去修改的。

如果你认为这个经典方法应用效果不好，那一定是你参数设置不恰当，而不是需要修改控制策略。

## 9. 正反作用与参数整定

图3-8中，我们用蒸汽流量减去给水流量，当蒸汽流量增大，需要相应增大给水流量，所以副调应该是正作用；汽包水位升高需要减小给水流量，所以主调是副作用。

如果我们用给水流量减去蒸汽流量，那么当给水流量增加，输出应该减小，副调是副作用，而主调就应该修改为正作用。

对于系统的参数设置，比较麻烦，下面一步步叙述。

### （1）设置副调流量系数

包括给水流量系数和蒸汽流量系数。这两个系数没有固定值。如果副调的比例作用很弱，这两个系数甚至可以取消不用。之所以要设置系数，是要提醒读者注意：在调试过程中，切不可先令副调比例作用过强！否则有可能造成系统震荡，最终导致安全事故。我们可以预设这个系数为0.3左右。

一般来说，蒸汽流量系数和给水流量系数应该大致相等。稳定工况下，尽量使调节器的输入端为 0。

## （2）设置副调的比例带

设置副调的比例带非常大，积分时间为无穷大，微分为 0，即纯比例作用。

比例作用的大小因系统而异。总体方向上，应该先把副调比例作用放很小。以防止系统或者副调震荡。

图 3-9 是副调震荡的实际调节趋势图。

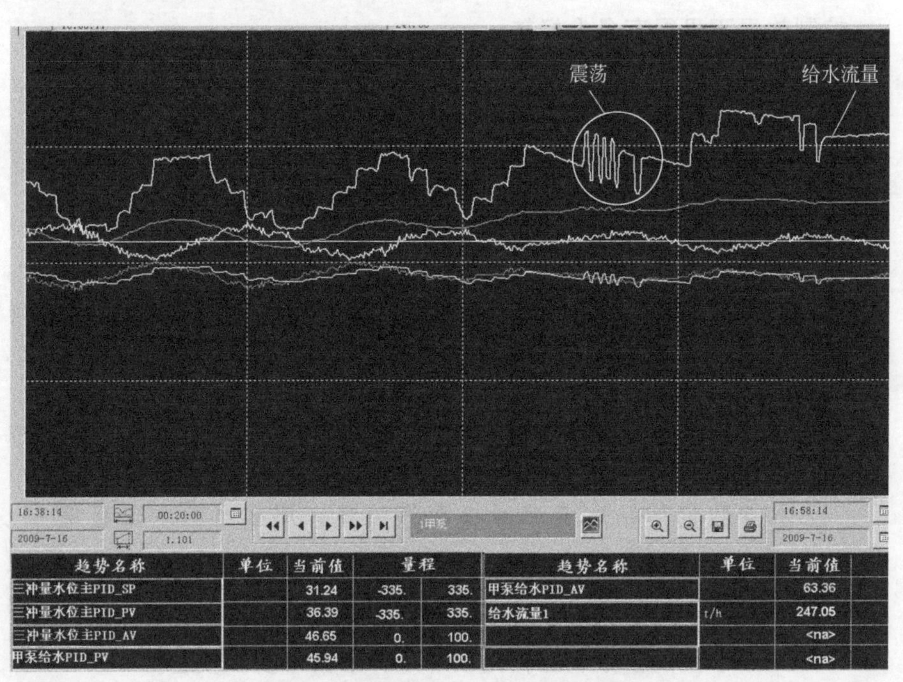


| 趋势名称 | 单位 | 当前值 | 量程 | | 趋势名称 | 单位 | 当前值 |
|---|---|---|---|---|---|---|---|
| 三冲量水位主PID_SP | | 31.24 | -335. | 335. | 甲泵给水PID_AV | | 63.36 |
| 三冲量水位主PID_PV | | 36.39 | -335. | 335. | 给水流量1 | t/h | 247.05 |
| 三冲量水位主PID_AV | | 46.65 | 0. | 100. | | | <na> |
| 甲泵给水PID_PV | | 45.94 | 0. | 100. | | | <na> |

图 3-9　副调震荡的实际调节趋势图

此图中的震荡应为执行机构的线性较差引发的，而非流量系数或者副调的比例作用引发的。

## （3）设置主调的积分时间

设置主调的积分时间为 0，比例作用比较弱。

之所以没有给出比例作用的具体数值，是因为根据不同的系统，不同的 DCS，不同的程序，这个值往往变化很大。

一般来说，副调的比例带可以先设为 150～600，主调比例带设为100～200。

### （4）逐渐降低主调比例带

根据观察结果，逐渐增强比例作用，直到系统接近平稳。

或者继续增强比例作用，直到系统接近于等幅震荡，然后把此时的比例带除以 0.6，基本上接近于可用了。但是对于汽包水位系统，最好不要调到等幅震荡，因为这样会使系统处于危险的境地。

### （5）逐渐增强积分作用

积分作用逐渐增强，能在较短时间（约 10min）内消除静差即可。

许多人对积分作用特别偏爱，往往给主调的积分作用放得很强。这种方法不仅没有好处，还会带来危害。因为在被调量开始强势回调的时候，需要调节器的输出也要快速回调，这样才能使得被调量不会大幅度超调，而这时候如果积分作用很强，积分作用会使得调节器的输出不仅不回调，而且还可能按照原来的趋势继续调节，一直等到被调量和设定值接近相等的时候，才开始回调，这时候已经太晚了，必然造成大幅度的超调。要记住：主调积分的目的是为了消除静差。只要系统没有静差，积分作用就不必要增强。

### （6）没有必要使用微分作用

微分作用可以超前调节，但是该系统完全没有必要使用。并且因为水位、流量信号大多存在着微小的波动，微分作用会将这些波动放大，造成干扰。

### （7）主调比例带与副调比例带乘积固定

主调比例带与副调比例带相乘的积，固定一个数，大约增强副调多大幅度，就减弱主调多大幅度，乘积基本保持不变。

减弱主调作用，就要逐渐增强副调作用。

在修改主、副调参数的时候应该先减弱一个，再增强另一个。以免系统引起震荡。

### （8）副调比例作用增强到足够抑制给水流量的扰动为止

这一步骤是最见功夫的，并且也是对参数变化最敏感的。比例带的设置只要有 5% 的变化，系统就有可能不稳定。所以我们在整定副调的比例带的时候，一定要小心，多观察。

### （9）在负荷大幅度改变时，观察副调的曲线，防止震荡的发生

这个阶段容易被忽视，但是非常重要，一定要注意。负荷大幅度波动时候，流量最容易引起震荡，此时减弱副调的比例作用，直到不发生震荡为止，然后为了安全，再次稍微减弱副调作用。

在调节副调的同时，还需要注意改变主调的比例作用。

### （10）注意修改主调的积分作用

在反复修改主、副调比例参数之后，要记得积分作用也需要修改。如果副调的比例作用减弱，那么积分作用也要相应减弱，因为调节器的输出是比例和积分相权衡的结果。

至此，该系统基本调试结束。为了防止副调震荡，还可以对副调的反馈系数和前馈系数进行修改，基本同减弱副调比例带的作用相当。但是在修改系数的时候，一定要把该系统切换为手动运行方式，否则可能对调节器造成较大干扰，甚至危害安全

运行！

有人说了：整定汽包水位系统的参数步骤这么多，这么复杂，万一一个步骤忘了怎么办？

前面说了，第二章很重要，只要第二章的基础扎实，后面就相对简单。如果完全领会了三冲量的意义，甚至完全可以不理会这些步骤，自行设置参数。笔者自己设置参数的时候可从来没有想过什么步骤，只在心里想着：小数点别弄错，数值不要点错。然后修改系数的时候要把自动退掉。仅此而已。至于对参数如何判断设置，根据趋势特征判断就行，自然而然的事情，没什么复杂的。

上面的参数整定方法只是一般性的，没有什么特殊的地方。一般来说，它具有普遍应用、抵抗干扰，稳定性强等性能。一般的系统使用这种方法也足够了。

## 10. 特殊问题的处理方法

串级三冲量给水自动调节系统，是世界上已经很成熟的控制策略，我们没有必要对此提出质疑。如果出现问题，那一定是使用不当造成的。当然，对于一些特殊的问题，还需要专门对待。笔者就曾经经历过的问题作一个介绍。

### （1）给水泵耦合器线性较陡（如图3-9的白色曲线）

给水泵耦合器线性不好，一般来说是线性比较陡，即执行器每动作一小步，给水流量变化较大。笔者曾经见过执行器每开关1%，给水流量变化超过30t/h的。

此时，需要把副调的比例作用减弱，增强主调比例作用。或者将流量系数减小。

如果给水泵耦合器线性较平缓，我们可以采取相反的方法，最终使得系统稳定运行。

### （2）给水泵耦合器线性较差

曾经发现有些给水泵耦合器，在某一较低开度的时候，线性较平缓；另一较高开度的时候，线性较陡。给系统安全造成威胁。我们可以设计程序，变参数运行。

所谓的变参数运行，就是根据给水泵的开度不同，或者根据负荷的不同，设置不同的比例带。如图 3-10 所示。

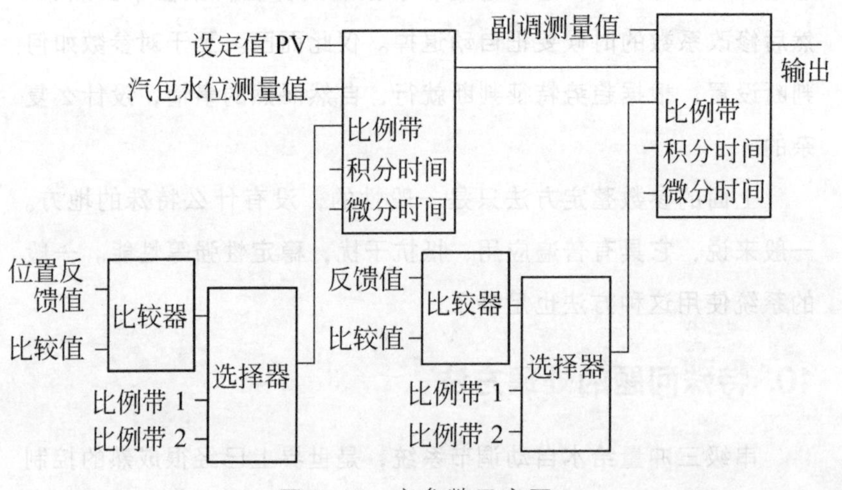


图 3-10 变参数示意图

### （3）机组负荷突变时产生调节震荡

对于汽包水位来说，产生调节震荡是最可怕的。一不小心就可能威胁机组安全运行，所以对于偏差保护的设置也是最为必要的。一旦水位波动大就应该切除到手动状态。

可是即使切除到手动状态，自动的问题还是没有彻底解决。

机组负荷突变时产生调节震荡的根本原因是副调过调。如果我们认为副调没有过调，并且还产生变负荷调节震荡，那我们可以修改蒸汽流量的系数。

## 11. 变态调节

理想的水位调节是这样的：如果没有机组负荷等大的干扰，

稳定工况下，当水位产生波动的时候，执行机构能够及时动作，只需要动作一次，就足以抑制水位波动，一次半都不需要。如果动作了两次，就说明你的参数有优化的空间。

有人会说：太玄了吧？我们的不是动作了一次，而是动作了好多次，都数不清几次了，而且都看不出来水位是哪一次波动，而是水位一直在波动。但是我们的水位也稳定了啊。

应该承认水位调节系统没有必要做得太完美，只要能充分抑制干扰就可以了。但是应认识到调节水平是有高低之分的，艺无止境啊。

图 3-11 是执行机构线性极其恶化后的调节品质。

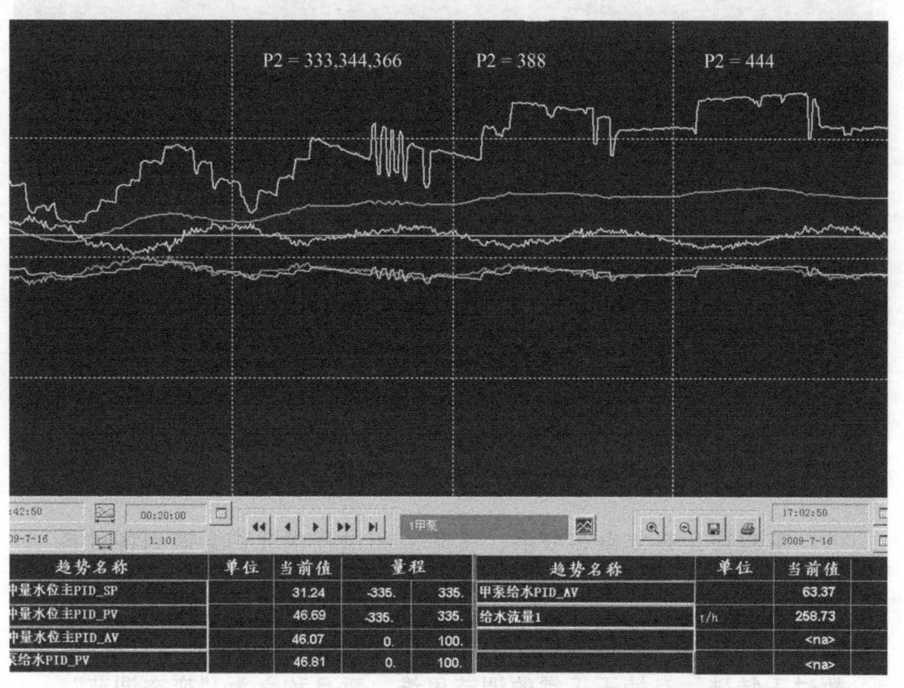


图 3-11　执行机构线性极其恶化后的调节品质

图 3-11 中，本来用这个所谓的变态调节方法已经足够解决许多问题，但是执行机构线性继续恶化，执行器每动作一次，流量就要波动 40t 左右，造成给水流量（白色曲线）大幅度扰动。经过进一步整定，最终，不对执行机构采取任何动作，只整定参

数，就起到了良好的调节效果。

图 3-12 是执行机构由多次调节到一次调节成功的实际曲线截图。

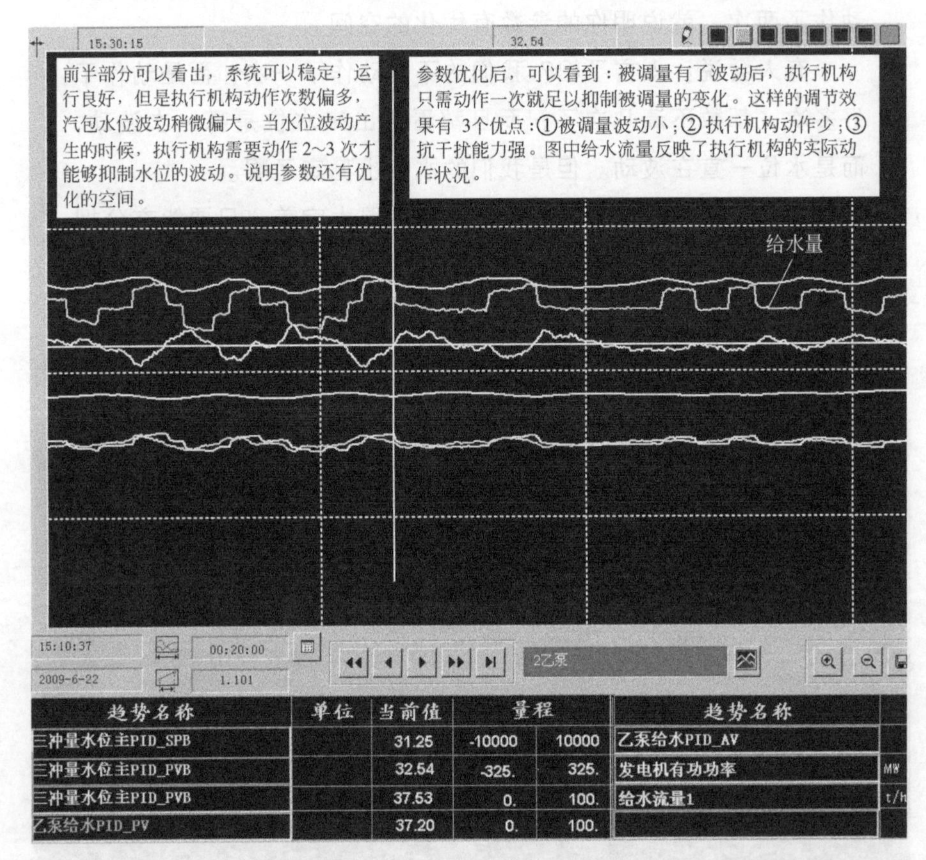


| 趋势名称 | 单位 | 当前值 | 量程 | | 趋势名称 | |
|---|---|---|---|---|---|---|
| 三冲量水位主PID_SPB | | 31.25 | -10000 | 10000 | 乙泵给水PID_AV | |
| 三冲量水位主PID_PVB | | 32.54 | -325. | 325. | 发电机有功功率 | MW |
| 三冲量水位主PID_PVB | | 37.53 | 0. | 100. | 给水流量1 | t/h |
| 乙泵给水PID_PV | | 37.20 | 0. | 100. | | |

图 3-12 执行机构由多次调节到一次调节成功的实际曲线截图

工程应用是复杂多变的，实际应用过程中我们会遇到各种各样的问题。往往传统的方法会有这样那样的局限。笔者自己摸索出了一种独特的参数整定方法，相对于传统调节方式，因为此参数过于特殊，有悖于正常的调节思维，暂且称之为“变态调节”。

根据目前的观察来看，它对参数的大小很不敏感，对各厂矿的适应能力超强，系统应用最稳定，抗各种干扰能力最强，执行机构动作次数最少，可以应用到各种复杂的干扰很大的汽包水位调节系统中。稳定工况下，它使执行机构平均每 1～3min 动作 1 次。图 3-13 是实际应用过程中的截图。

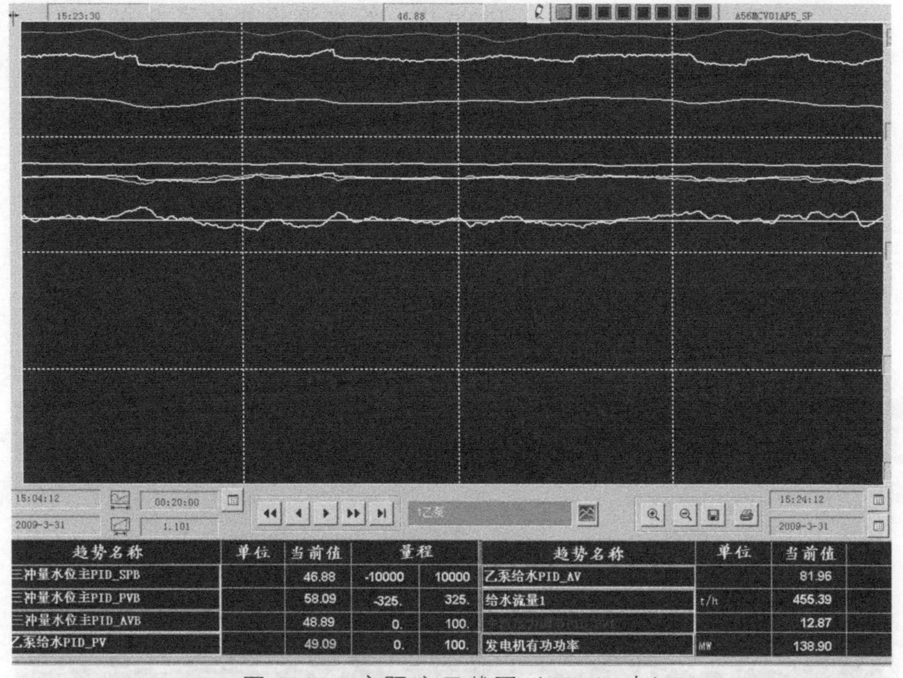


图 3-13　实际应用截图（20min 内）

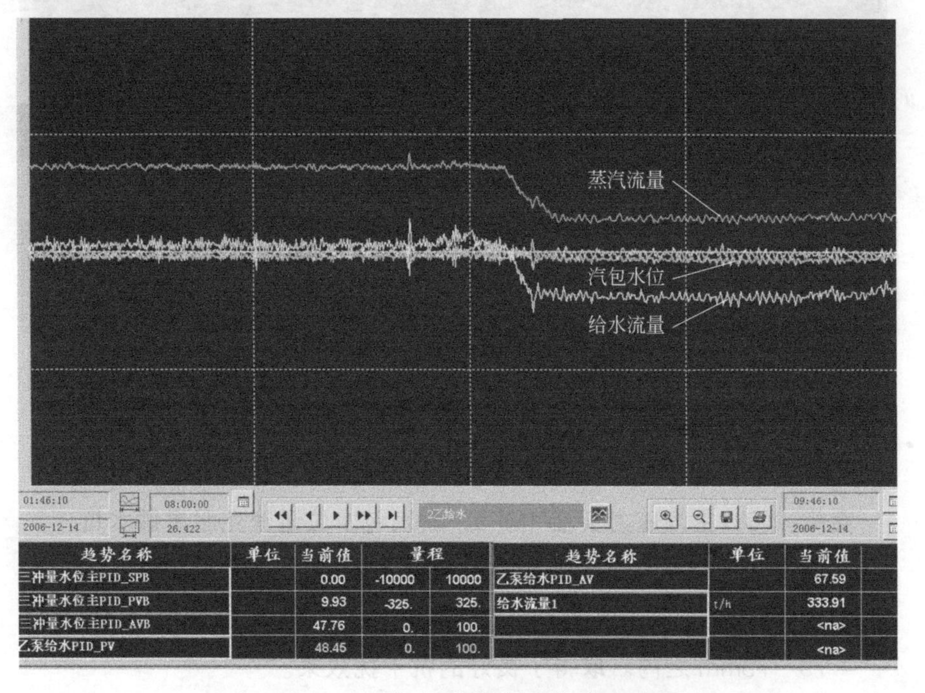


图 3-14　10 个小时内的调节效果截图

由图 3-13 可以看到：20min 内，给水流量变化了 9 次，其中几个缓慢波动是给水压力或者蒸汽压力的改变造成的。

图 3-14 是 10 个小时内的调节效果截图。在曲线右半部分，蒸汽流量和给水流量由于负荷降低而降低。汽包水位波动始终维持在 ± 20mm 以内。

图 3-15 是降负荷期间汽包水位的波动状况截图。降负荷之前的给水流量波动，是因为给水阀门曲线严重恶化的结果，具体的应对办法就是咱们说的变态调节。

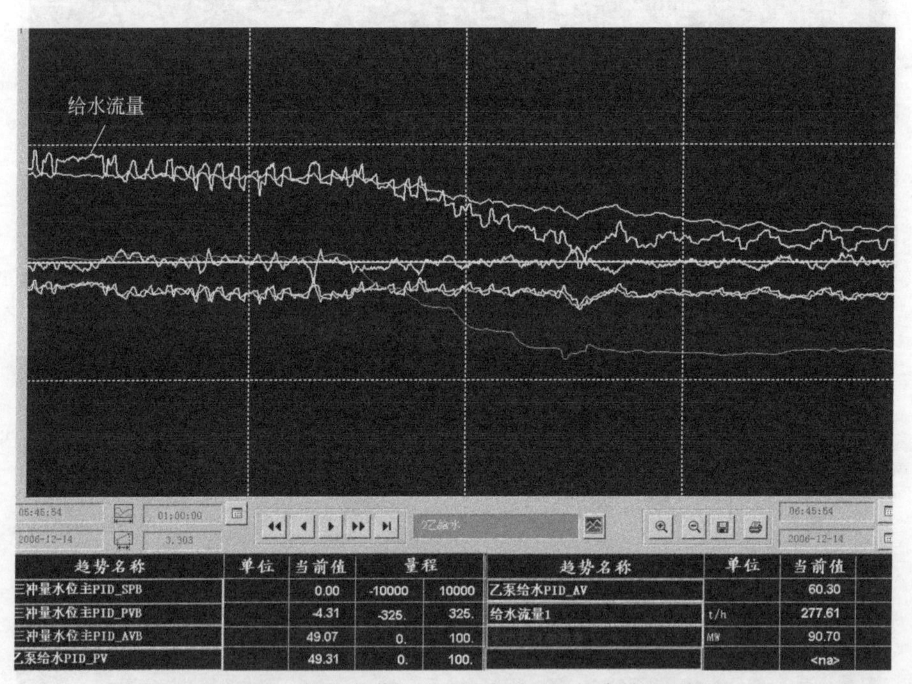


| 趋势名称 | 单位 | 当前值 | 量程 | | 趋势名称 | 单位 | 当前值 |
|---|---|---|---|---|---|---|---|
| 三冲量水位主PID_SPB | | 0.00 | -10000 | 10000 | 乙泵给水PID_AV | | 60.30 |
| 三冲量水位主PID_PVB | | -4.31 | -325. | 325. | 给水流量1 | t/h | 277.61 |
| 三冲量水位主PID_AVB | | 49.07 | 0. | 100. | | MW | 90.70 |
| 乙泵给水PID_PV | | 49.31 | 0. | 100. | | | <na> |

图 3-15　降负荷期间汽包水位的波动状况截图

图 3-16 是在笔者遇到的最大一次干扰事件，干扰情况如下：

汽轮机一侧主汽门突然关闭，主汽流量瞬间下降 1/4，负荷突降 1/3，主汽压力突增 1MPa，而汽包水位迅速克服虚假水位，水位最底下降到 - 49mm（设定值为 39mm）。克服虚假水位后，水位向正方向波动到 73mm。总体来说，汽包水位波动范围在 - 79～73mm 之内。取得了良好的抗干扰效果。

图 3-17 为干扰瞬间的调节效果。

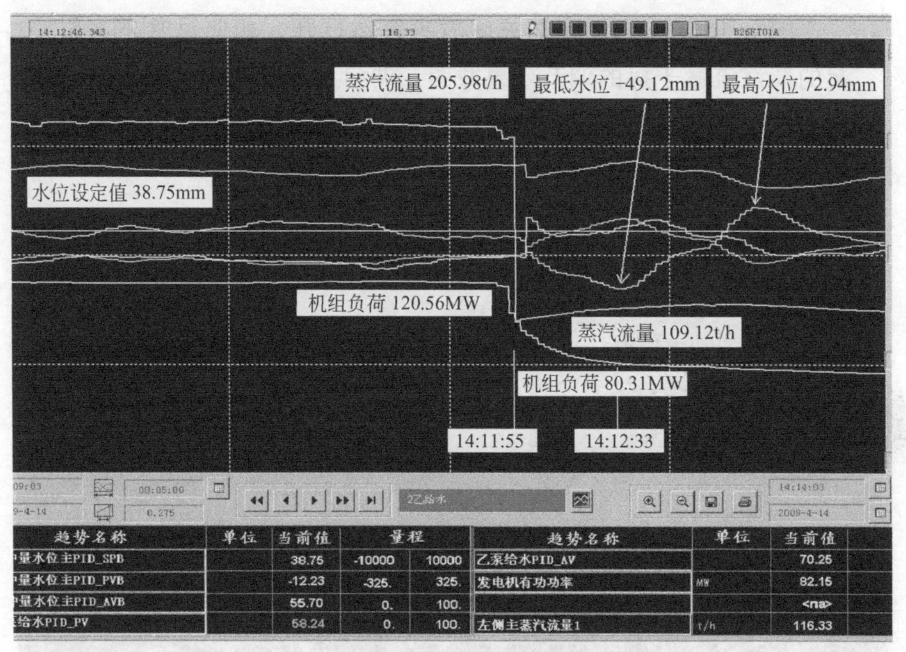


图 3-16　实际流量截图

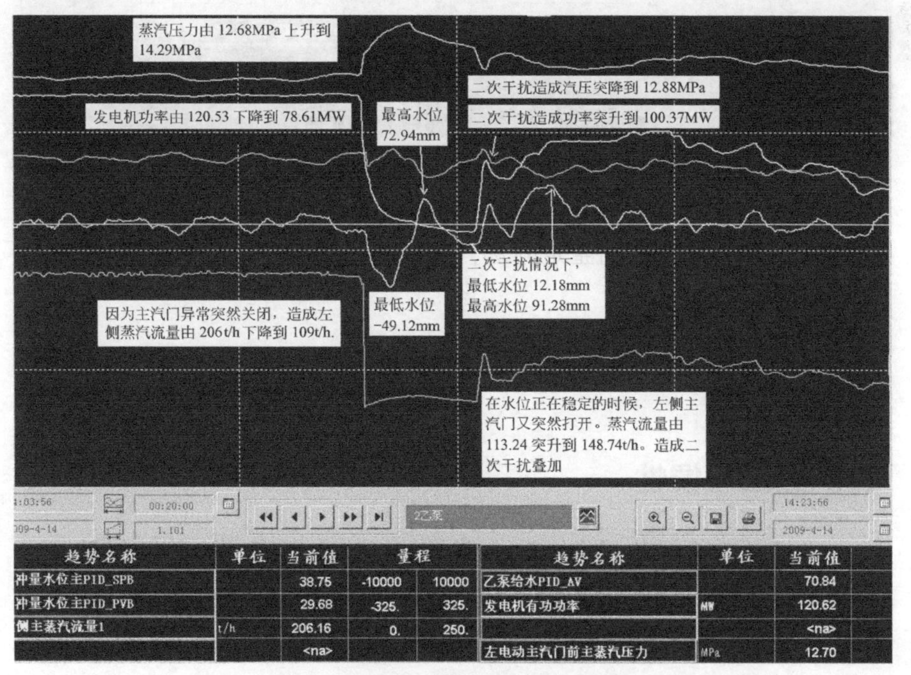


图 3-17　干扰瞬间的调节效果

图 3-18 是主汽门突然关闭后再突然打开，如此反复多次引起的蒸汽流量干扰的调节效果截图。调门反复开关对汽包水位调节系统造成的威胁更大，然而该整定方法仍旧抵抗住了这样巨大的干扰。

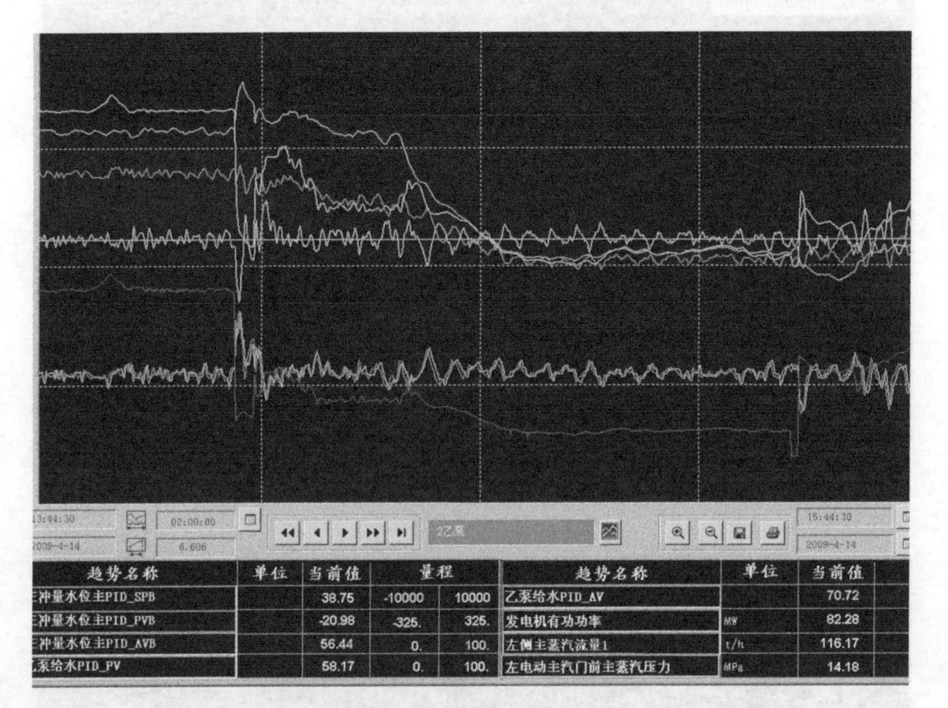


图 3-18 调节效果截图

这种特殊参数的整定办法，有兴趣的读者可以找笔者探讨。

## 五、过热蒸汽温度调节系统

### 1. 迟延与惯性

还是前面说的那个水池的例子。当进水量有一个阶跃扰动，流量增大的时候，水位开始增高。水位不是马上达到一个高度的，而是缓慢增高，逐渐接近一个高度。这样的受控对象我们说它具有惯性环节。惯性环节在工程中很普遍，高低加水位都具有这种特性。

还有一种情况，当扰动来临的时候，被调量不是马上受到影响，而是等待一段时间以后才开始变化。这样的受控对象我们说它具有迟延环节。

惯性环节和迟延环节的区别如图 3-19 所示。

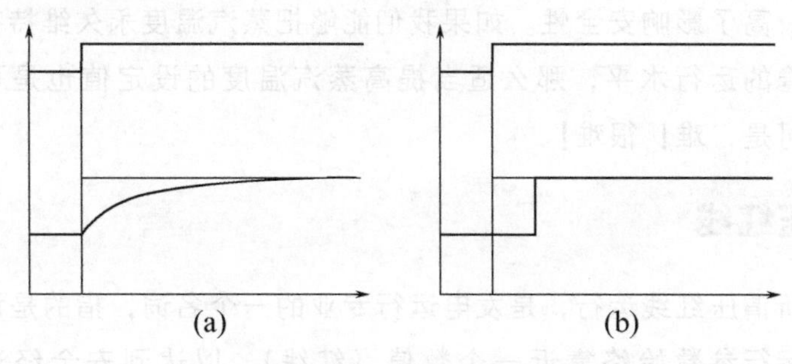


图 3-19　惯性环节和迟延环节的区别

(a) 惯性环节 (b) 迟延环节

在实际应用时，我们会发现许多被调对象同时具有迟延和惯性两种特性。可是有些人又往往把迟延和惯性混为一谈。对待迟延和惯性环节，其处理方式是不一样的。

## 2. 过热蒸汽温度调节系统的重要性

汽包压力的重要性在于系统的安全。而过热蒸汽温度调节系统的重要性有两个：经济性和安全性。过热蒸汽温度是综合了经济性和安全性之后权衡的结果。

根据郎肯循环原理，工质温度越高，工质做功能力越强，效率越高。有资料这样叙述其经济性：“对于亚临界、超临界机组，过热汽每降低 10℃，发电煤耗将增加约 1.0g 标煤/(kW · h)。再热气温每降低 10℃，发电煤耗将增加约 0.8g 标煤/(kWh) ”。另外一种表述是：“大约每降低 5℃，热效率会下降 1%”。对于不同容量的机组，影响情况可能会有所改变（详细可见浙江省电力试验研究孙长生关于减温水研究的相关论文）。

可是蒸汽管道的耐温能力是有限的。蒸汽温度过高会使管道产生高温蠕变甚至破裂。如果蒸汽温度长时间工作在较高的温度，即使当时不产生高温蠕变，也会降低管道的寿命。

所以，力求使蒸汽温度平稳是安全性和经济型的双重要求。

蒸汽温度跟汽包水位不一样。汽包水位只要在安全范围之内，保持多高都是无所谓的；而蒸汽温度越准越好，低了影响经济性，高了影响安全性。如果我们能够把蒸汽温度永久维持在非常平稳的运行水平，那么适当提高蒸汽温度的设定值也是可以的。可是，难！很难！

## 3. 压红线

所谓压红线运行，是发电运行专业的一个名词，指的是调整某个运行参数始终靠近一个数值（红线），以达到安全经济的目的。

咱们借用这个概念，可以用在自动调节系统上。

比如说对于蒸汽温度，由于高温蠕变和压力的共同影响，假如某电厂允许的最高蒸汽温度为545℃，如果我们的蒸汽温度调节系统波动范围是±1℃，那么为了兼顾经济性和安全性，我们就可以把此调节系统的设定值设定为534℃。

可是对于大多数火电厂的汽温调节系统，调节质量不能让人满意，其波动范围往往要大于±5℃，有的甚至要大于±10℃，那么，该调节系统的设定值，就应该为（545－5）℃或者（545－10）℃了。那么，蒸汽温度长久维持在较低535～540℃的时候，就不够经济了。

对于有的调节系统，其设定值高一点低一点是无所谓的，比如汽包水位调节系统，只要安全稳定，水位偏差几厘米问题不大。这样的系统，控制的精确度不是很重要的，控制的安全性是最重要的。

而对于汽温这样的调节系统，控制精度直接影响到经济性，在安全的前提下，控制越精确越好，控制越精确其设定值就可以越接近安全限值。我们可以称之为“压红线”控制。

蒸汽温度调节系统最主要的问题，就是解决控制的精度的问题。

## 4. 干扰因素

蒸汽温度的干扰因素很多。机组负荷、燃烧状况、蒸发量、烟气温度、火焰中心、烟气流速，烟气流向、减温水、给水量、送风量、炉膛燃烧波动等等，都会对蒸汽温度产生干扰。形成的干扰状况和特点各有不同。有的干扰相当大，有的迟延大，有的惯性大，有的惯性迟延都很大。这个问题要比汽包水位要复杂。

几十年来，汽包水位控制早就进化出了三冲量调节系统，堪称经典。可是蒸汽温度调节系统到底是导前微分好呢还是串级好？即使是导前微分和串级也不能彻底解决问题，还不断有新的解决方案出现，还将会有更多方案出现。

上面总结了那么多干扰汽温的因素，其中影响最大而且直接的是机组负荷、烟气传热、减温水量三个因素。下面一一分析。

### （1）机组负荷

机组负荷增加，锅炉会调节燃烧，使得燃料量增加，燃烧加强，烟气温度升高，烟气流速增加，锅炉吸热增加，蒸汽温度升高。烟温与蒸汽的温度差影响的主要是辐射热吸收。发热量增加，炉膛温度本来就很高，增加的不多，那么温度差也增加的不多。但是蒸汽流量增加会导致温度降低。因为需要加热的工质增多了。因此敷设吸收热量的增加不足以弥补因工质增加导致的温度降低。所以，当机组负荷增加的时候，辐射式过热器温度是降低的。

而蒸汽所能吸收的热量与两个因素有关：烟温与蒸汽的温度差，烟气流速。热负荷增加导致烟气增加，烟气流速增加，对流加强。所以过热器出口汽温会随着机组负荷的增加而增加。

可是辐射区首先接受到锅炉热量的变化，温度增高。迟延较小，惯性较大。

对流区影响到汽温的变化，迟延较大，惯性较大。

综合起来，当机组负荷增加的时候，温度先略有降低，然后又有较大的升高。有迟延，有惯性，有自平衡能力。如图 3-20（a）中曲线所示。

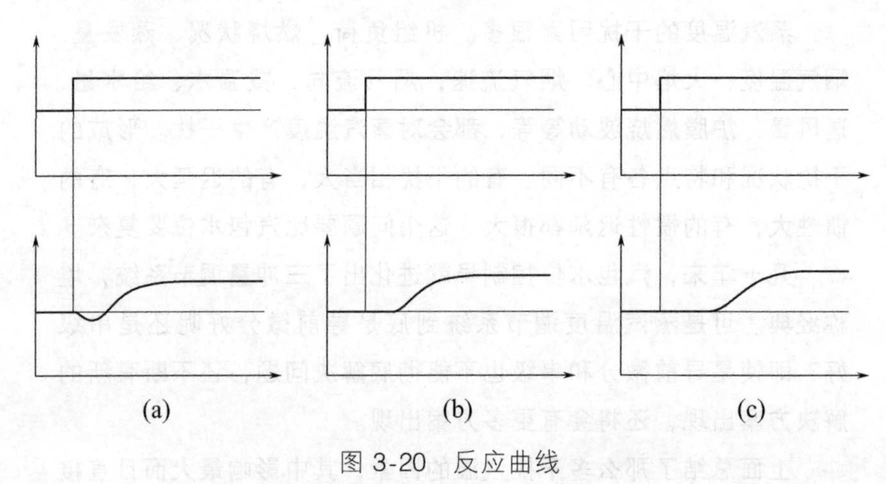


图 3-20 反应曲线

（a）机组负荷扰动的阶跃反应曲线（b）烟气侧传热扰动的阶跃反应曲线（c）减温水量扰动下的阶跃反应曲线

## （2）烟气传热量扰动

过热器出口温度的高低取决于两个方面：吸热和供热的平衡。吸热是指蒸汽带走的热量；供热是指烟气供给的热量，广义上讲，应该包括了蒸汽从烟气里吸收的热量。吸热大，温度就有降低的趋势，供热大，温度就有升高的趋势。凡是影响烟气和蒸汽之间热交换的因素，都是对过热汽温的扰动因素。蒸汽侧的扰动稍微简单些。烟气侧的扰动稍微复杂，总的来说，只要影响烟气温度和烟气流速的，都会影响到蒸汽温度。

从烟气侧来说，影响烟气温度和流速变化的因素主要有以下几点。

① 燃料量和送风量的变化。

② 煤种成分的改变。

③ 受热面结渣。

④ 火焰中心的位移。

所有这些都可以归纳为传热量扰动。克服传热量扰动是所有热控人员最为困难的任务。因为锅炉内部可以监测的手段较少，监测到的数据代表性也受影响。

（3）减温水量扰动

在所有对汽温的扰动因素里面，减温水的扰动最直接最容易被人认识。为了控制汽温，人们认为最方便的方式也就是减温水流量控制汽温了。但是减温水调节有个缺点：对于一次汽温来说，混合式减温水调节没有大的问题；对于二次汽温来说，混合式减温水调节影响机组的热效率。因为二次汽温如果加入了减温水，这些被给水泵做功了的减温水，没有在高压缸做功，一部分能量被浪费了。因而再热减温水会影响经济性。许多电厂为了克服再热减温水对经济性的影响，专门设计了另外的控制温度的方式，比如改变喷燃器的喷角。这种方式虽然不影响经济性，可是惯性大，调节起来也不大容易掌握。所以习惯上，人们都乐于使用减温水调节温度。这种方法直观方便。

一般来说，减温水的扰动迟延在 30～60s 之间。系统越大，烟道越长，迟延越大。

一般来说，对于减温水调节，最初的计算和设计是最重要的。我经常见到许多电厂的减温水调节，要么调节阀始终工作在很低的区域，有的甚至始终工作在 20% 以下；要么工作在开度稍高的区域，有的甚至开满了还不能满足要求。这都是初步设计的问题。调节裕度太小。造成系统波动较大，难以抑制。

我们之所以要分析这么详细，就是要分清各个扰动因素或者调节作用对温度的影响状况，对症下药。

比如说，有人经过观察，看到机组负荷、喷水后温度、摆动火嘴的角度都对汽温有很大影响，于是把机组负荷、喷水后温度、摆动火嘴的角度等全部加入副调的测量，然后努力调节副调的比例微分参数。这个思路基本上是正确的。

可是这里忽略了一个重要因素：每种扰动作用到副调上的情况是不一样的。喷水减温影响速度快，迟延小；机组负荷迟延大、惯性大，影响幅度达；摆动火嘴迟延小惯性大，影响幅度大。

把这么多因素单纯叠加，然后调节比例微分作用，照顾了这个丢掉了那个。往往是在稳定负荷下照顾了喷水影响，在负荷变动的时候又不能照顾负荷，顾此失彼，难以周全。

那么我们该怎么办呢？

首先要区分其影响的时间因素。延时大的，我们要加上延时功能；惯性大的要适当增加微分。

然后要考虑影响幅度的不同。对每个信号增加系数，使得叠加到副调后的影响效果大致相同。

这些工作做完之后，才能整定 PID 参数。

第二章说过：要善于把复杂问题简单化，要善于把复杂因素孤立化。然后要善于把孤立问题放在整个系统中全面考虑。面对问题，要能拆能分，能综合考虑问题，也能孤立单独考虑问题，最终才能把一个复杂的系统整定好。

## 5. 一级减温水调节系统

为了更好地控制锅炉汽温，一般把一次汽温的控制分成两段：一级过热汽温和二级过热汽温。一级过热汽温主要控制前屏蒸汽温度。

通常，我们都把一级过热汽温调节系统设计成串级调节，当然，做成导前微分调节系统也未尝不可。至于两者的优劣，咱们在后两节详细说。串级调节是前屏蒸汽温度作为主调的测量，一级喷水减温后温度作为副调的测量。原理框图如图 3-21 所示。

汽温调节系统跟汽包水位调节系统一样，整定参数的关键在于消除扰动。对于一级减温水调节系统，它不需要考虑那么多的扰动，也不需要把温度控制的过分稳定。它有如下几个特点：

① 工作温度低。因为工作温度低，所以就不需要考虑太多

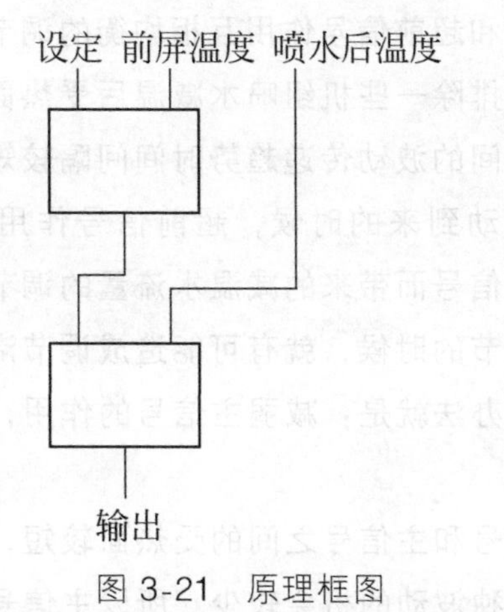

图 3-21 原理框图

的材料抗高温蠕变能力。

② 是二级汽温调节系统调节的前奏。所以如果这个系统调节效果好的话，就会减少对二级汽温调节的扰动。

鉴于上两条情况，我们对一级汽温调节的要求是：稳定性和精确性不要求太高。只要系统波动不是太大，温度升降不是太快即可。

所以，一级汽温调节一般不用下太多的精力，也不是人们关注的焦点。

比较麻烦的是二级汽温调节系统。咱们前面所有的分析，基本上都是针对二级过热汽温调节系统来说的。这个系统干扰因素多，干扰因素多变，扰动剧烈。但是这个系统又要求很严格，因为它直接影响到锅炉的经济性和安全性。

在所有的修改控制策略的方案中，初级维护人员争论最多的，就是使用导前微分还是使用串级调节了。

在一些大容量的机组中，喷水减温器后还有比较长的一段加热管道，喷水后温度跟锅炉出口主汽温度之间，有较长的一段距离。锅炉能量传导给喷水后的管道，要经过较长一段时间，波动状况才能反映到主汽温度。因而用串级调节系统比较好。串级调节系统中，超前信号固然重要，但是喷水减温后还有很大一段受热面，所以主回路的调节作用也非常重要。所以，往往大部分电厂都采用主信号和超前信号作用互相均衡的调节方式。

但是，也不排除一些机组喷水减温后受热面较短、或者超前信号与主信号之间的波动传递趋势时间间隔较短的情况。这个情况下，当燃烧扰动到来的时候，超前信号作用因为不是特别突出，故而因超前信号而带来的减温水流量的调节作用就较小，等到主信号进行调节的时候，就有可能造成调节滞后，使得温度波动比较大。解决办法就是：减弱主信号的作用，增强超前信号的作用。

因为超前信号和主信号之间的受热面较短，故而不经过超前信号，主信号单独波动的机会较少。所以主信号的作用可以进一步减弱。

由此而带来的缺点是：如果该锅炉采用烟风挡板来调节再热蒸汽温度，可能波动较大。因为烟风挡板调节再热的时候，势必会影响烟道内烟气的流动情况。烟气流动被烟风挡板干扰后，要先干扰主汽温度，然后才会干扰主汽温度的超前信号。这时候如果超前作用强、主信号作用弱，就有可能造成温度波动比较大。所以，在加强超前作用的同时，还要关注烟气扰动带来的主信号波动状况，综合衡量，才能够提高总体调节品质。

## 6. 导前微分自动调节系统

导前微分调节系统，就是对主信号和设定值的偏差进行 PID 运算，对超前信号，也就是喷水后温度，进行微分运算，然后把运算的结果叠加到 PID 运算的结果后面，然后输出指挥执行器动作。其原理框图如图 3-22 所示。

在 PID 运算后直接叠加数据，一般是不允许的，因为它要涉及到跟踪的偏差问题。前面已经分析过了，导前微分不会存在这个问题，此处不再详述。

需要说明的是，导前微分一定是对超前信号进行微分的。

在一些小锅炉中，锅炉蓄热能力小，如果喷水减温和主信号之间受热面进一步缩短，超前信号和主信号波动间隔时间减小，

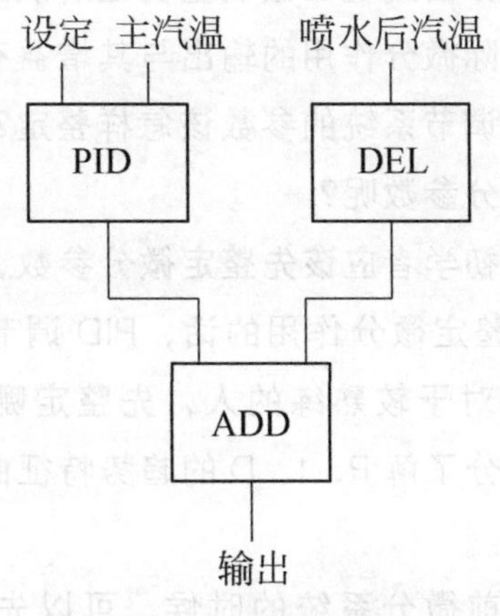


图 3-22　原理框图

用串级调节系统就有可能存在局限。这时候，导前微分调节系统的重要性可能会增强了。

导前微分调节系统可以充分考虑超前信号带来的影响，因而，超前作用得以大大加强。

那么为什么要使用导前微分而不使用串级调节系统?

导前微分需要整定的参数较少，包括主调的 P、I、D，副调的微分增益、微分时间，总共 5 个参数；而串级的参数较多，包括主调的 P、I、D，和副调的 P、I、D。从数字上看似乎导前微分只比串级多了一个参数。实际上对于导前微分来说，其微分影响曲线是比较容易判断的。而对于许多人来说，如何判断主副调的比例积分参数，才是更费劲的。

至于导前微分和串级的其他优缺点，在介绍了串级调节系统后，咱们再详细分析。

## 7. 导前微分系统的参数整定

上一节说了，导前微分的微分影响曲线是比较容易判断的。因为其特征曲线相比于比例和积分来说，是比较特别的。第二章里面详细介绍过微分作用的趋势特征。微分作用曲线抖动比较强烈，尤其是被调量发生阶跃抖动的时候，微分会使得输出波动直线变化。理想的微分曲线是当被调量发生阶跃波动的时候，微分输出是无穷大；实际微分作用的输出与其增益有关。

那么导前微分调节系统的参数该怎样整定？先整定 PID 调节器呢还是先整定微分参数呢？

对于生手或者初学者应该先整定微分参数，因为如果整定了 PID 调节器参数再整定微分作用的话，PID 调节器的参数会干扰微分参数的判断。对于较熟练的人，先整定哪个参数是无所谓的。因为他已经充分了解 P、I、D 的趋势特征曲线，整个输出曲线都可以被他分析。

初学者整定导前微分系统的时候，可以先把主调的参数弱化。把积分时间放很大，接近于无穷大，免得积分干扰，把比例作用放很弱，然后再整定微分参数。

可以逐渐增强微分增益，直到微分增益可以充分抑制喷水后温度的变化为止。我们甚至可以让系统的内回路发生震荡，在主调温度波动不大的情况下，副调温度随着输出的波动而发生震荡。然后再适当减小比例作用即可。

导前微分到底是怎么起到超前作用的呢？应该从两个方面分析。

如图 3-23 所示，当 PID 的输入偏差 e 在 $t_1$ 时刻开始有个上升的趋势的时候，PID 的输出 *out* 在 $t_1$ 时刻也有一个阶跃；在

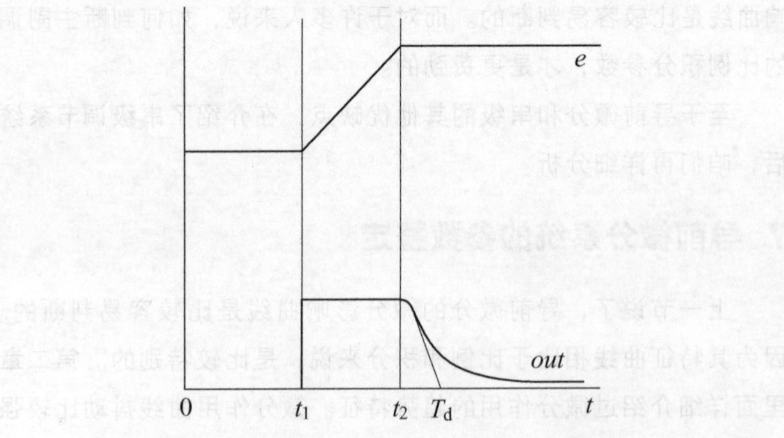


图 3-23 微分作用与输入偏差 e 的关系

$t_1 \sim t_2$ 之间，$e$ 以相同的速率持续上升的时候，*out* 保持不变；在 $t_2$ 时刻，$e$ 上升到一个值保持不变的时候，$de/dt=0$，也即 $e$ 的变化速率等于 0，这个时候，纯粹数学意义的微分运算会马上使得 *out* 回归到 0，而工程意义上的微分作用还有一个微分时间的参数，根据微分时间 $T_d$ 的值决定回归到 0 的快慢。

图 3-24 就是微分时间对微分调节作用的影响。

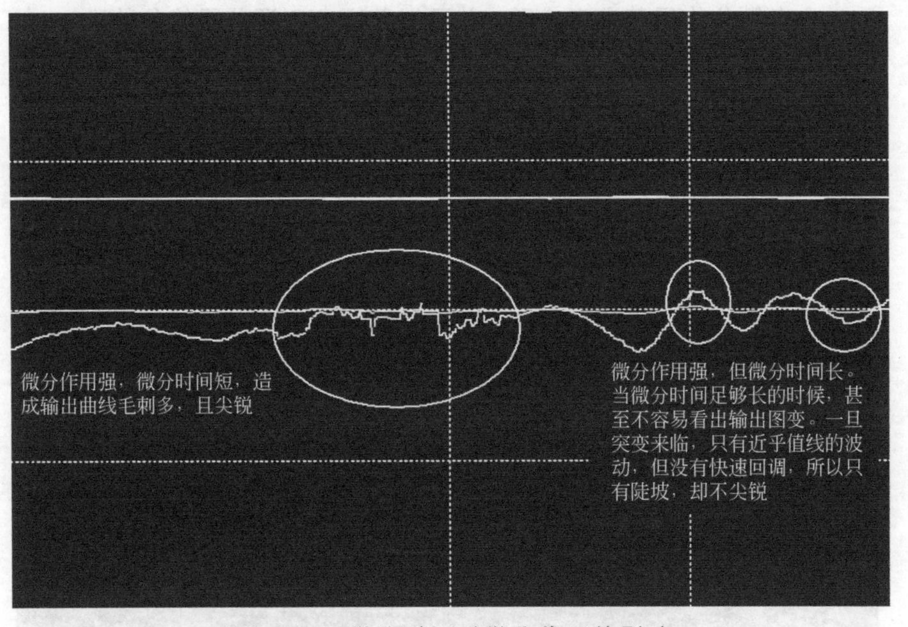


图 3-24　微分时间对微分作用的影响

大家都知道在 $t_1$ 时刻微分的超前作用，而在 $t_2$ 时刻，被调量停止变化的时候微分复归的作用，可能会比 $t_1$ 时刻更为重要。对于主汽温度控制来说，当主汽温度上升，PID 输出也上升；PID 输出调节使得温度下降之前，总要有一个温度持衡期，在这个温度持衡期内，温度还没有降低的时候，PID 的输出就已经开始回调，是不是起到了很大的“超前作用”了呢?

所以我们对微分时间 $T_d$ 的运用也不能漠视。但是，如果微分时间太短，会造成 PID 输出频繁波动，实际运用过程中，要小心执行机构频繁动作，烧坏电机。

在增强微分增益的时候，会发生输出阶跃波动。这样也会引起输出波动增大，从而引起执行器频繁动作，烧坏电机。这时候要增强微分时间，以抑制输出的波动。其实在整定微分的时候，微分增益的增加，应该伴随着微分时间的增加而增加，否则就可能会使得执行器电机发热，或者阀门动作过频、线性恶化。当然，微分增益减小的时候，微分时间也应该减小，否则就相当于给被调量增加了一个惯性环节，使得超前作用降低，调节不够“超前”。

当微分作用整定完成后，就可以整定PID调节器的参数了。

在增强调节器的比例作用的时候，可以再适当减小微分作用。因为两者是互相影响的。

图3-25是导前微分调节系统正常工况调节效果图，时间跨度1h。图3-26是导前微分扰动工况调节效果图，时间跨度1h。

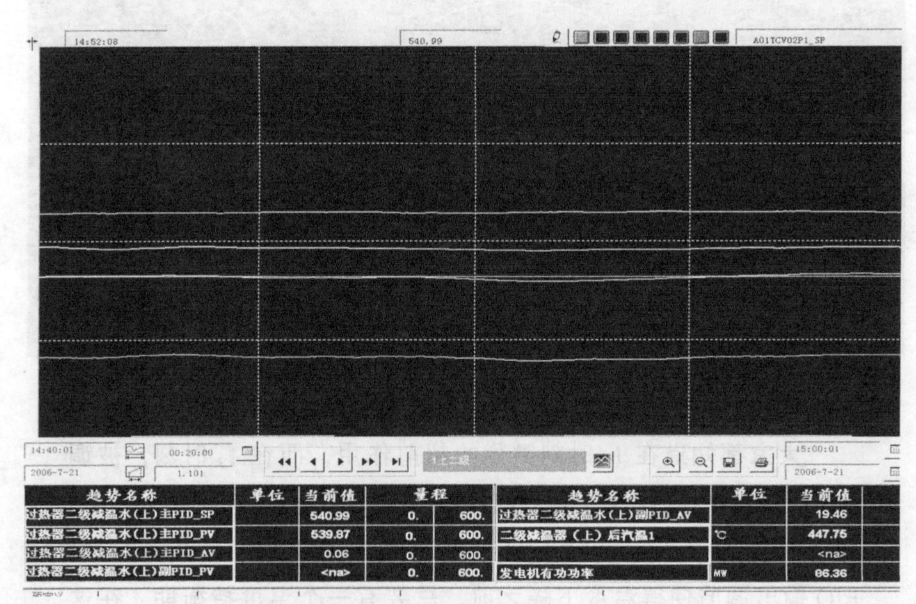


图3-25 导前微分调节系统正常工况调节效果图

## 8. 串级调节系统与参数整定的思想误区

看过了导前微分调节系统，串级调节系统也很好理解。就是把原来要进行微分运算的超前信号不进行微分运算，直接引入串级调节系统的副调，作为副调的测量值。见图3-27。

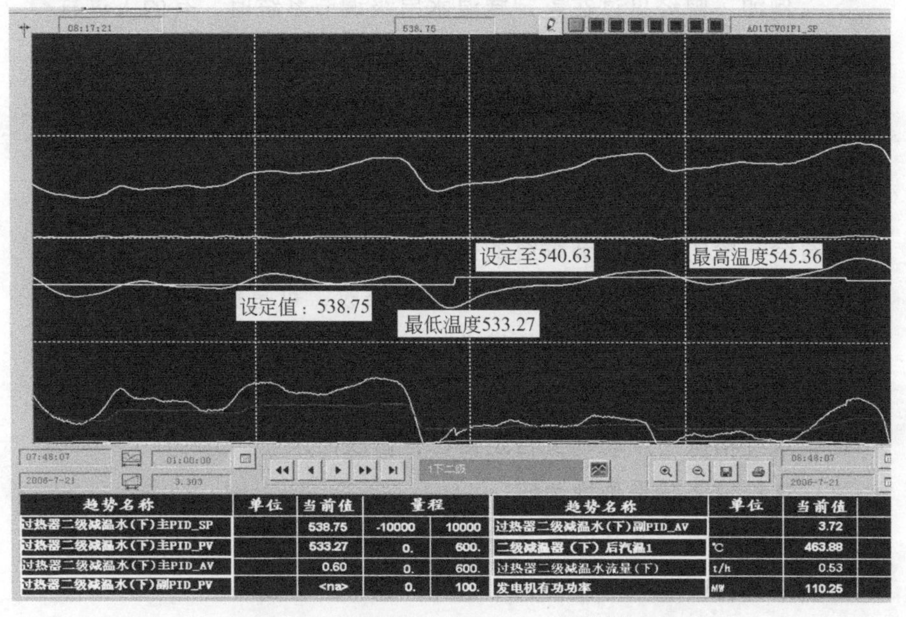


| 趋势名称 | 单位 | 当前值 | 量程 | | 趋势名称 | 单位 | 当前值 |
|---|---|---|---|---|---|---|---|
| 过热器二级减温水(下)主PID_SP | | 538.75 | -10000 | 10000 | 过热器二级减温水(下)副PID_AV | | 3.72 |
| 过热器二级减温水(下)主PID_PV | | 533.27 | 0. | 600. | 二级减温器(下)后汽温1 | ℃ | 463.88 |
| 过热器二级减温水(下)主PID_AV | | 0.60 | 0. | 600. | 过热器二级减温水流量(下) | t/h | 0.53 |
| 过热器二级减温水(下)副PID_PV | | <na> | 0. | 100. | 发电机有功功率 | MW | 110.25 |

图 3-26　导前微分扰动工况调节效果图

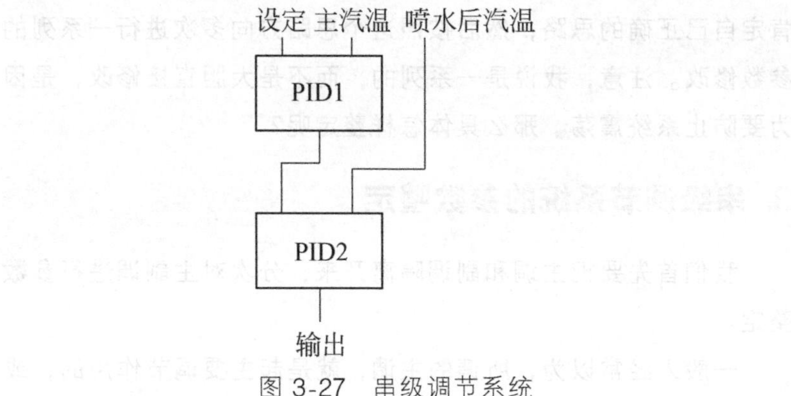


图 3-27　串级调节系统

对于这个控制策略不再进行解释。下面说说其参数整定的错误的方法。

有一定参数整定经验的人，往往进入一个误区：根据别的专家或者有经验的师傅的整定参数的经验值，或者自己以往整定参数的经验值，习惯上总是认为调节系统的 PID 参数数值都有个固定的基本区域。

例如，曾经见过在整定减温水串级调节系统时，有的人这样来整定参数：

$$P_1=100\sim200, t_1=100\sim200s$$

$$P_2=80\sim150, t_2=120\sim300s$$

然后根据调节曲线去整定参数。应该说，经验上讲，这个参数符合一般的串级调节系统的整定规律，不算离谱。整定过程的思路也对，在上述的参数范围内反复修改，可是整定来整定去，始终不见调节质量有明显的提升。下一步该怎么办呢？他不敢对上述参数进行一个大的突破，稍微突破一点幅度，心里就很不自信，系统稍微一波动马上否定自己，修改回来。

这种思路就是画地为牢。

严格地说，他并没有真正掌握整定参数的方法，而只是根据经验来进行试凑。可以说这个是纯粹的“经验试凑法”了。

在掌握一定的参数整定方法之后，我们一方面要谨慎地整定参数，防止系统震荡，另一方面还要大胆突破原有的经验，敢于肯定自己正确的思路，然后按照这个思路方向多次进行一系列的参数修改。注意，我说是一系列的，而不是大胆直接修改，是因为要防止系统震荡。那么具体怎样整定呢？

## 9. 串级调节系统的参数整定

我们首先要把主调和副调隔离开来，分次对主副调进行参数整定。

一般人经常以为，所谓的主调，就是起主要调节作用的，或者说该系统主要维持的是被调量的稳定准确，所以主调的参数最重要。这个认识是有误区的。虽然整个系统都是围绕着主调的测量值——被调量信号进行调节，但是并不意味着副调的作用就不突出。许多情况下，我们花在副调参数上的整定精力，甚至要远远超过整定主调参数的精力。汽包水位三冲量自动调节系统是这样的，减温水自动调节系统也是这样的。对于这两个调节系统，只要能够让副调快速消除扰动，主调就可以比较容易地得到较高的调节质量。反之，如果我们不注重副调的调节作用，而把主要精力放在整定主调上面，就不能快速消除扰动，调节质量就很难保证。

所以对于减温水调节系统，我们要充分认识到超前信号的重要性。

对于主副调的整定顺序，笔者推荐先整定副调再整定主调，因为这样主调的干扰较小。当然先整定主调也不算错，参数整定有相当的灵活性。以先整定副调为例，说说笔者在整定某电厂的整定思路：

该电厂采用和利时 DCS 产品，135MW 机组，汽包炉，中间仓储式。

① 首先将主调的参数作用弱化，让主调参数对系统影响不大。

② 将副调的积分作用减弱。前面说过，积分作用的目的是为了消除静态偏差，对于副调来说，其设定值和测量值之间的静差一般没有必要强行消除，所以要对其作用减弱。

③ 将副调的比例作用逐渐增强，然后观察副调抑制扰动的能力。初始参数与一般的整定思路一致。

在整定过程中，笔者发现，副调的比例带整定到了 60，抑制干扰的能力还是很差，于是笔者一直将其比例带减小，最终减小到 25 左右，才觉得较为合适。

$P_2$= 25，对于一般人来说，比例作用过于强了，这个参数过于大胆了。可是笔者当时的思路是这样的：不管 PID 参数数值的大小，而只专注于这个参数是否能够抑制干扰。能则肯定，否则修改。

同时，笔者也不敢一下子将副调的比例带从 100 降低到 30 左右，那样就有可能引起系统震荡。笔者只是设定一个参数后观察调节效果，然后再修改再观察，最终确定数值。

④ 整定过程中，笔者发现副调的积分时间一直强烈地发挥着作用，干扰调节效果，难以确认比例带的调节质量，为此，笔

者不断减弱积分时间，最终将积分时间修改为1500s。

同第3步骤一样，这个参数的设置也严重突破了常规的思路，可是笔者仍旧遵循着一个思路：不管积分时间的数值有多大，只考虑在目前的整定过程中，需要将积分作用减弱到不致干扰比例作用的判断。

⑤ 比例作用和积分作用相互配合确定参数。

⑥ 将副调的比例作用减弱，逐渐增强主调的比例作用，观察调节曲线，再整定。

⑦ 逐渐增强主调的积分作用，使之既能够消除静差，又不造成积分过调，遵循第二章所讲的“积分拐点”的基本思路。

⑧ 将两个PID参数串起来联合整定，最终确定的参数如下：

$P_1=120$，$t_1=180s$；

$P_2=25$，$t_2=1500s$。

上面的参数是严重超出一般的数值的。可是这套参数在该机组的主汽温度调节系统中调节效果良好。

由此可知，在整定参数的过程中，自己要有个基本的思想原则，在确定思想原则正确的情况下，即使参数超出常规习惯，也要有打破习惯的勇气。千万不可画地为牢，在不影响系统稳定的前提下，自己局限于以往的经验习惯，谨小慎微，最终达不到良好的调节效果。

图3-28是这个参数所达到的调节效果截图，说明了副调对于超前信号的抑制作用。

图3-29是机组在升负荷期间的汽温调节效果图。

其中机组负荷显示范围：60～140MW。主汽温度显示范围490～590℃。

主调输出显示范围0～100%。副调输出显示范围0～100%。

副调测量值显示范围44%～77%。喷水减温后温度显示范围420～500℃。

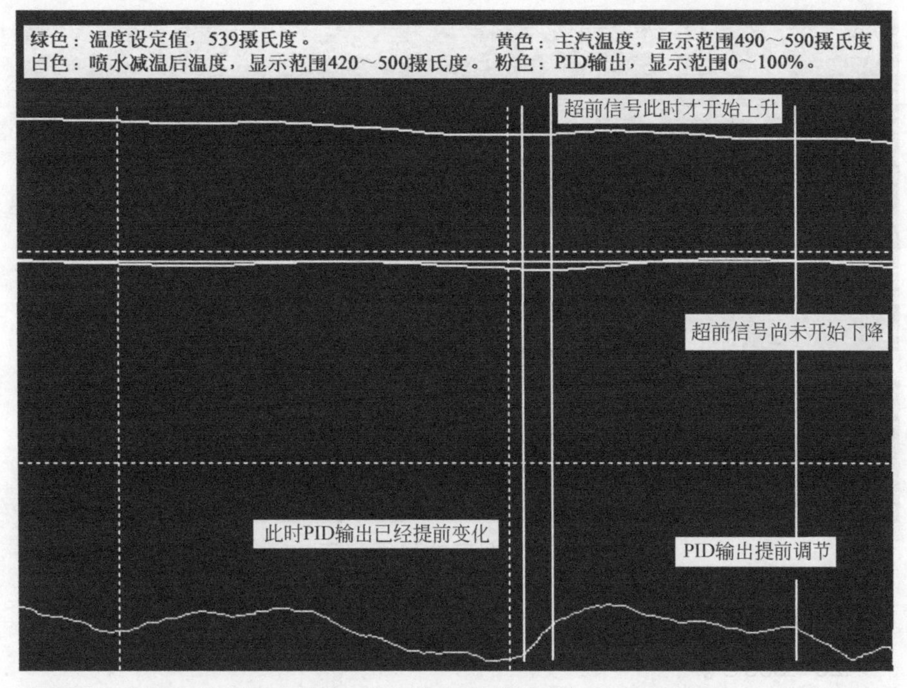


图 3-28 调节效果图（一）

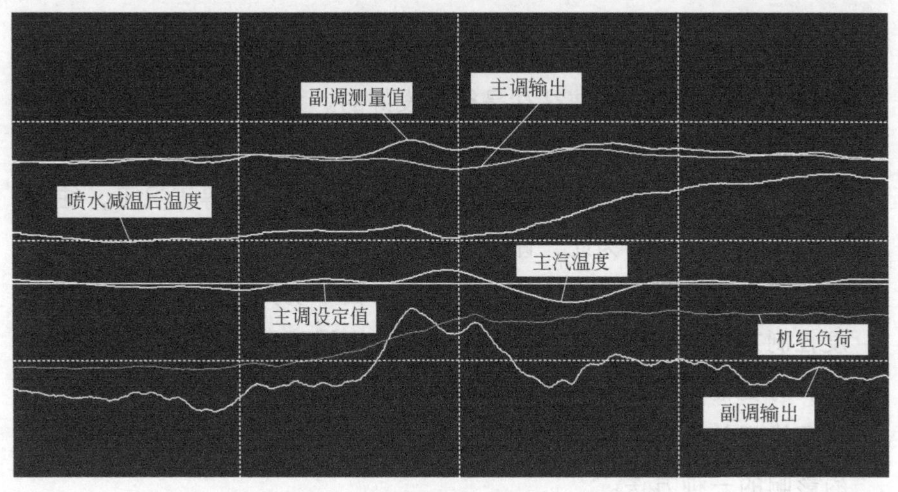


图 3-29 调节效果图（二）

图 3-30 是机组在升负荷期间的汽温调节效果图。

机组负荷显示范围：60～140MW。主汽温度显示范围 490～590℃。

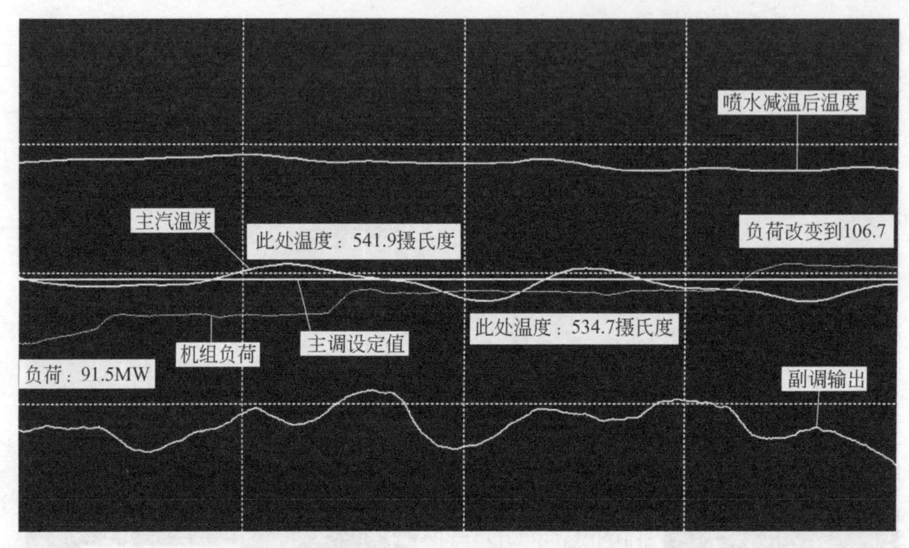


图 3-30　调节效果图（三）

副调输出显示范围 0～100%。喷水减温后温度显示范围 420～500℃。

## 10. 修改控制策略，增加抑制干扰能力

在火电厂中，主汽温度的调节滞后往往比较大，燃烧工况波动剧烈，故此调节系统往往是很难投好的。尤其在升降机组负荷的过程中，燃料量剧烈波动，燃烧工况剧烈波动，烟气流动改变较大，都对主汽温的控制造成很大的影响。变负荷等工况下，往往汽温波动超差。为此，许多人想出了很多办法来适应燃烧的波动，主要的思路都是在修改控制策略方面下功夫。所有的主汽温度控制方法，都在追求一个字：快！主汽温度具有大滞后、大惯性、时变性等的特点，为了克服大滞后、大惯性，就需要寻找一种更能超前反映温度变化趋势、或者干扰发生后提前知道对温度的影响的一种方法。

下面对几个控制策略进行介绍。

### （1）增加负荷前馈

有人认为，负荷变动工况下的主汽温度较难控制，为此，设

计了增加负荷前馈的串级调节系统。注意：所有增加前馈的调节系统，如果前馈信号不进行微分处理的话，那么该系统的控制策略都是串级的，原因还是前面所讨论的，为了方便跟踪切换。

另外，主汽温度与负荷的关系也不是对应得非常好。往往是在负荷上升后因为燃料量增加，烟气流速加快，过热器对流吸热增加，造成暂时温度上升；烟气流速稳定后，因为给水流量增大，温度还会自动下降。

那么如果把负荷作为前馈的话，在负荷上升的初期，负荷前馈要求减温水流量尽力增大，即使减温水流量急速增大，由于温度调节的滞后，也未必能够迅速抑制温度增长的趋势。等到负荷平稳后，又需要减温水流量急剧下降，这时候很可能负荷前馈刚刚由于对流增加而努力的增加减温水流量，造成了超调，然后又因为给水流量增加温度降低，要让减温水流量急剧下降，最终还是很难避免温度的大幅度波动。

另外，负荷变化，引起燃料量变化，再引起燃烧变化，再引起烟气量变化最后作用到蒸汽温度的时候，往往过去了几分钟。减温水如果在负荷变化的时候进行调节，就为时过早。需要加延时模块，这一点也需要注意。

总体来说，负荷前馈不一定是个很好的控制策略。不过在现场整定过程中，可以试一试。前面的分析可以作为一个参考。

图 3-31 是负荷改变与温度波动的曲线图。

图 3-31 显示了负荷对汽温的影响，蓝色曲线为负荷曲线。当负荷上升一段时间后，超前温度开始上升，自动调节使得减温水调整阀急速开大，暂时稳定住了汽温。可是随后因烟气变化对前屏影响快速，故超前信号还在升高；而烟气量变化对主汽温影响因素减小，而给水流量增加造成的温度下降就表现了出来。主信号下降，超前信号还在上升，输出无所适从，综合衡量的结果，使得自动调节失去了最佳良机，温度快速下降。最终造成了该自动的多次波动。

需要说明的是：烟气流动对主信号和超前信号的影响因炉型

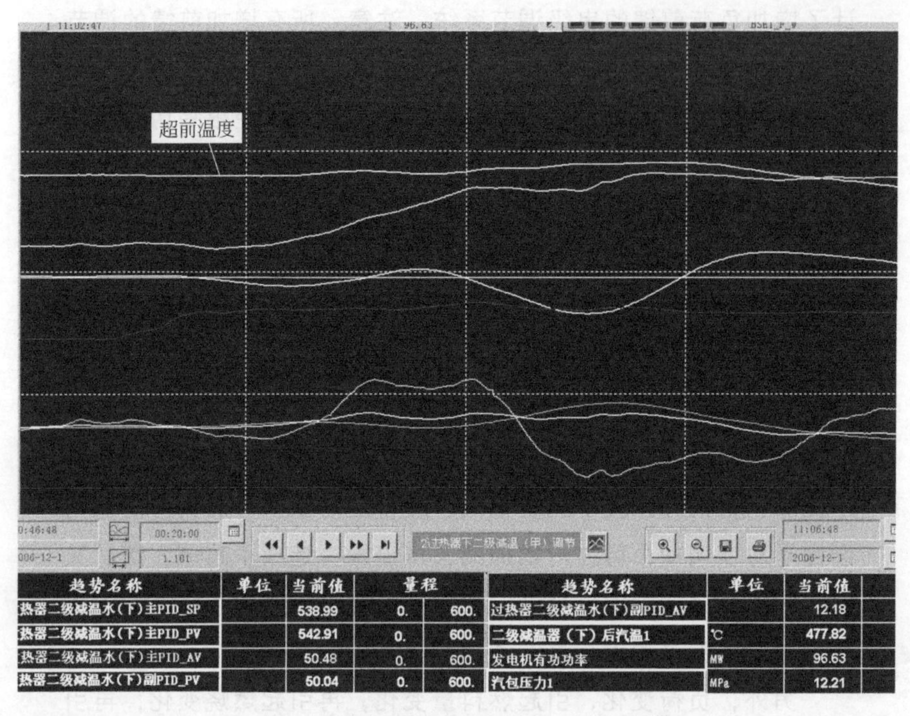


图 3-31　负荷改变与温度波动的曲线图

不同而不同。

### （2）增加燃料量前馈

负荷波动造成燃烧波动，煤质也会造成燃烧波动，燃烧波动更为复杂，对汽温造成的影响也更为直接。有人就干脆直接将燃料量作为汽温的前馈，当燃料量变化的时候，减温水就进行调节。

前面说了，负荷作为前馈有两个缺点：

① 负荷造成燃烧波动后，给水流量紧跟一个负的扰动因素，两个因素造成汽温大幅度动荡；

② 负荷前馈过于超前，汽温调节不需要太超前。

燃料量前馈并没有克服上述的两个缺点。并且，燃料量波动很快，几乎一直不停地在波动，如果不采取措施会造成减温水流量也不停波动。比较简单的方法就是加滤波功能。总的来说，其调节效果也不够理想。

## （3）增加汽包压力的微分前馈

汽包压力本身并不能代表锅炉的吸热量，汽包压力的微分可以代表锅炉的吸热量变化的多少。这个在对锅炉燃烧进行调节的直接能量平衡公式中可以见到。既然锅炉吸热的变化可以用汽包压力的微分反映，那么我们也可以用汽包压力的微分作为前馈。锅炉吸热量对于减温水调节来说有两个方面的意义：

① 锅炉内部蒸汽吸热的变化趋势；

② 炉膛内燃烧和烟气的变化趋势。

这两个意义对蒸汽温度调节来说都是必要的。

需要注意的是：汽包压力的微分能否作为前馈，需要进行认真的观察。不同的锅炉使用的效果也不同。只有在确认汽包压力的变化与蒸汽温度的波动趋势相吻合，并且略有提前，才具有实用的意义。

以汽包压力的微分作为主汽温度自动的前馈信号，应用在一135MW的机组中，效果良好。其20分钟、1小时、10小时的控制效果图见图3-32～图3-34。

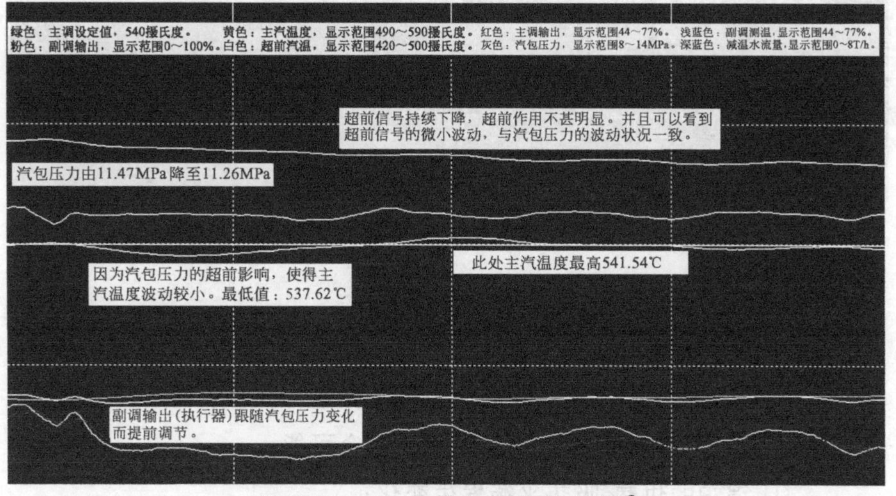


图3-32　20分钟的控制效果图[1]

---

[1] 本书中部分计算机截屏图，读者可在www.cip.com.cn中的资源下载/配书资源中查看彩色曲线图。

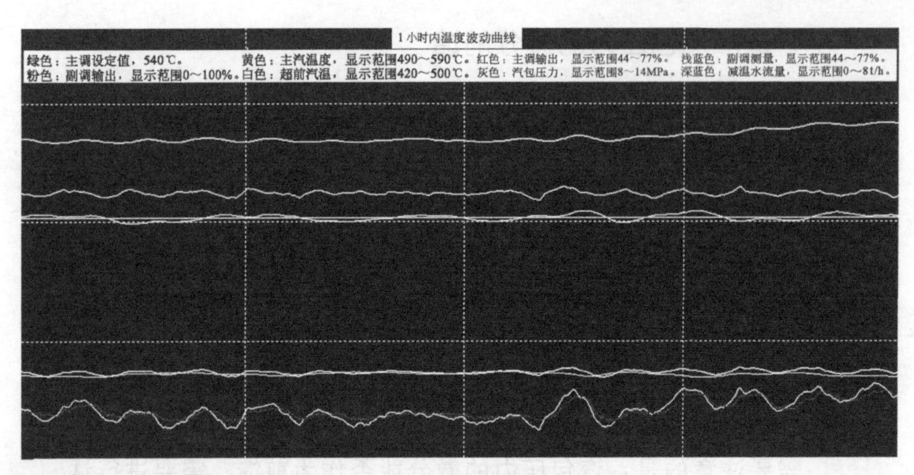


图 3-33 1 小时效果截图

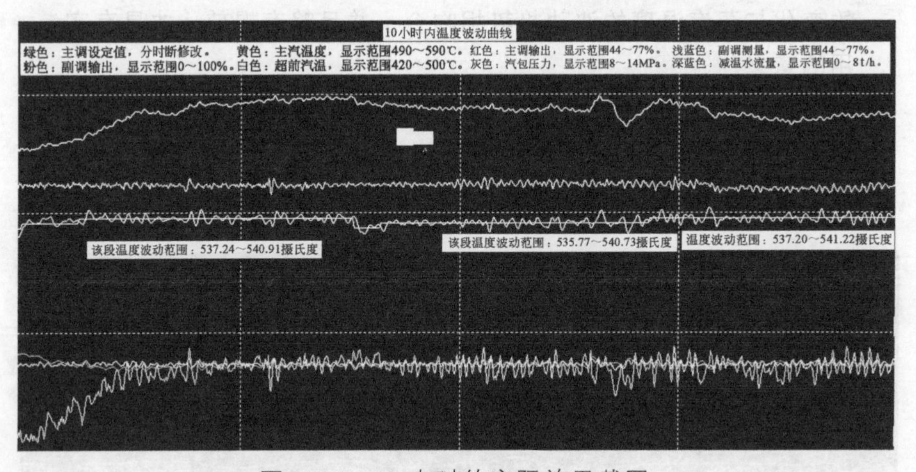


图 3-34 10 小时的实际效果截图

## （4）增加蒸汽焓值前馈

对于蒸汽来说，其主要品质由三个参数构成：流量、压力和温度。任意一个参数的波动都说明了两个可能：

① 锅炉的供热-吸热平衡发生变化；

② 锅炉供给能量与机组所需的能量平衡发生变化。

当然这两个平衡是无时无刻不在变化着的。对于蒸汽温度调节系统来说，最根本的调节对象还是温度。可是蒸汽的温度变化趋势比较缓慢，调节也有滞后，温度控制很不容易。而蒸汽压力的变化较为快速。上面说了，汽包压力的微分在一定程度上反映了锅炉吸热能力的变化趋势，汽包压力的微分变化其实也过于超前，也还需要加延时的。蒸汽出口联箱的压力较汽包压力有了一定程度的延时，而且汽包出口的过热蒸汽的吸热变化也能够快速反应。

还有一个参数就是流量，在蒸汽流量增大的时候，理论上也应该相应调节减温水流量，使得蒸汽流量/减温水流量达到一个合理的控制范围。对于蒸汽流量，传统上考虑的情况较少。

流量、压力和温度的综合就是蒸汽的焓值了。

用蒸汽焓值作为前馈，有点一网打尽的感觉。许多因素都归纳进去了。

### （5）预估与补偿技术

针对蒸汽温度较为滞后的情况，有些专家的思维方式是：不考虑寻找更合适的测量点，而是对已知的温度测量信号进行预估运算，或者补偿运算。预估方法比较典型的是斯密斯预估运算。补偿法也是通过增加过热器温度测点，对一些列的温度测点进行判断，依靠合适的数学模型，进行补偿运算调节的方法。

### （6）抗积分饱和

积分饱和在普通系统中，其实并不是很突出的问题。火电厂自动调节系统中，只要参数设置恰当、系统不存在故障，一般不存在积分饱和的问题。如果有，那大多数属于参数设置不恰当，或者系统存在故障。系统故障主要问题在于调节裕量不足。如果阀门开满或者关严仍旧不能满足要求，就需要抗积分饱和功能了。汽温控制是个例外，该系统经常会遇到阀门关严甚至开满的问题。

目前大多数PID本身就具有了这个功能，所以不需要过多考虑。如果存在问题的话，可采用下面说的这一种办法。

在执行机构开度接近于0%或者100%的时候，发出一个bool量，这个bool量去切换PID的参数，使PID参数切换如下：

比例带趋向于无穷大；

积分时间趋向于无穷大；

微分作用等于零。

这个时候，PID相当于不运算，PID的输出接近于不变化，就完成了抗积分饱和的功能。当这个bool量复归的时候，PID切换到日常参数。

上述所有的控制策略，其应用效果需要在实践中观察。在修改控制策略之前，最好先对一个月内的趋势进行多次观察，确定要添加的前馈量确实与温度的波动状况有关联，并且是超前关联，然后再进行控制策略的修改。修改后不一定就管用，此时不要急于判定这个控制策略不可用，而应该多观察分析，找出问题发生的根源，对症下药，才能够取得良好的调节效果。当然，再好的控制策略都要有一个良好的参数整定，才能够发挥力量。这就更显出修改控制策略之前，观察分析的重要性了。一旦确定某个前馈具有超前关联作用，修改控制策略后，如果还不好用，那就要仔细寻找原因，反复整定，直到达到合理的调节效果。

## 11. 变态调节方案

主汽温度自动调节系统可以说是炉侧系统中最难投的，大家关注的焦点，大多都是怎么克服扰动，怎么快速调节。

还有个问题大家应该也认识到了，就是执行机构的阀门线性问题。

减温水执行机构动作非常频繁，好的减温水调节系统，执行机构一分钟动作 7、8 次，不好的一分钟动十多次，而且年年月月天天，只要锅炉在运行，动作就不会停止。这样的执行机构尤其是阀门，磨损会很严重。

有许多电厂，这个问题虽然突出，可是由于资金等问题，不见得就能够更换阀门。天长日久，问题越来越严重，此类问题加上调节滞后，既影响调节效果，又会严重影响整定人员对系统抗控制策略的判断。

笔者摸索出了一套特殊的控制策略。调节效果也较好，尤其适用于阀门线性恶化的调节系统。其基本思想是这样的：调节系统在经过运算后，去指挥执行机构动作，执行机构要么不动作，要么一次动作到减温水流量达到要求为止。具体方法见附录。

其调节效果如图 3-35～图 3-37 所示。

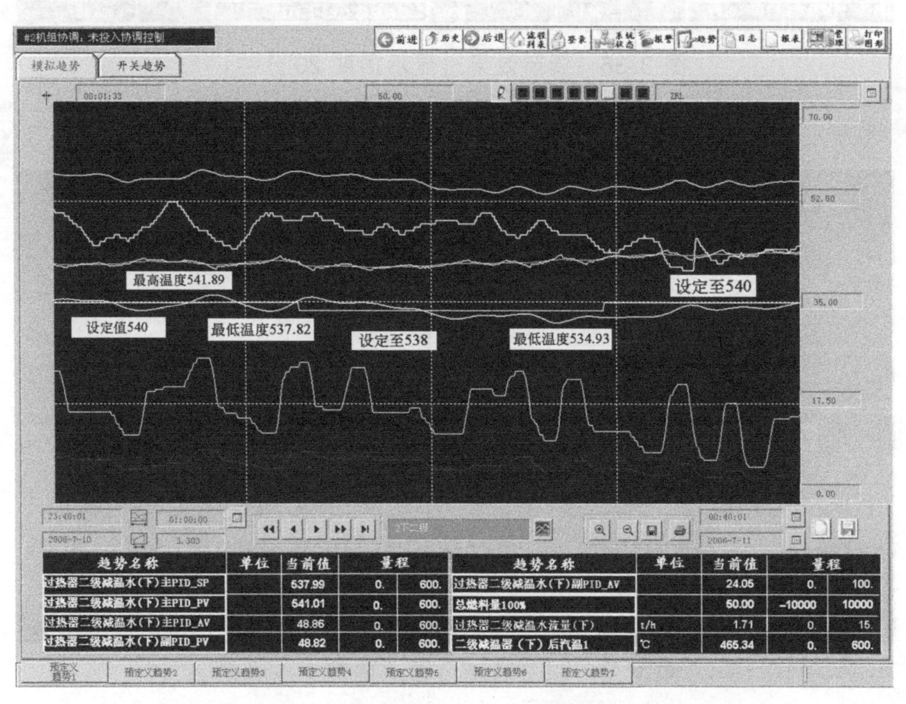


图 3-35　调节效果（显示周期 1 小时）

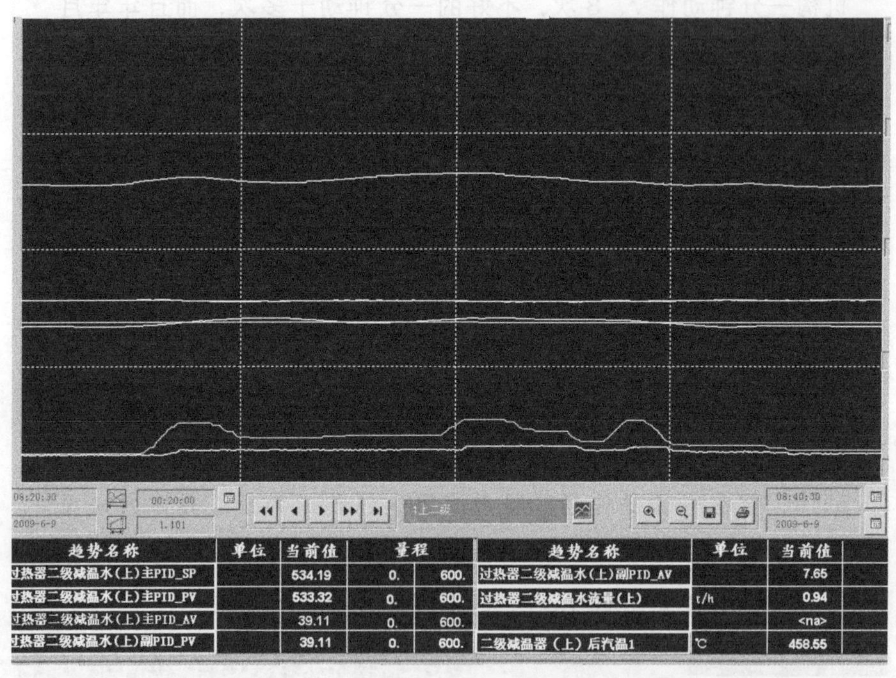


图 3-36 调节效果（显示周期 20 分钟）

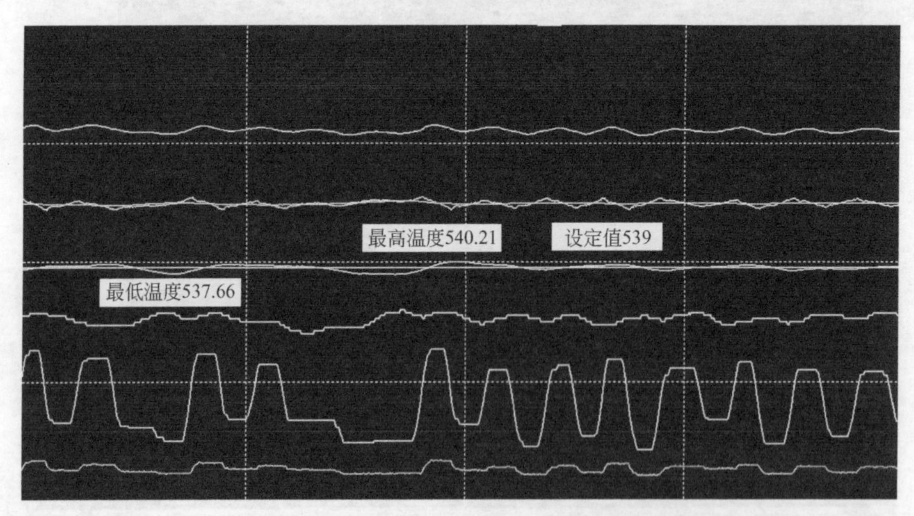


图 3-37 调节效果（显示周期 2 小时）

## 六、蒸汽压力调节系统

### 1. 重要性

对于锅炉侧调节系统来说，蒸汽压力调节系统影响最大。我们在分析别的系统的时候，总是提到燃烧干扰，而燃烧就是蒸汽压力调节系统的被调对象。

蒸汽压力不仅影响到炉侧调节系统，而且还对机侧调节系统有极大影响。因为从工质的角度讲，汽压直接影响了两头：源头影响给水泵的出力——汽压高了，给水泵进出口差压小，给水流量就小；末端影响汽轮机的负荷——汽压波动，快速影响蒸汽的焓，同时影响蒸汽的进汽量，两个方面的影响都使得负荷发生波动。

相比于蒸汽压力，蒸汽温度对负荷的扰动就小得多。不是说蒸汽温度对负荷影响小，而是说温度变化缓慢，机组有足够的时间和手段去调节温度带来的影响，所以说温度影响虽然大，可是带来的扰动却不大。

### 2. 干扰因素

蒸汽压力的干扰因素可以分为两类：内扰和外扰。

内绕是指锅炉侧燃料量和燃烧状况造成的扰动，前面几节罗列的炉侧燃烧扰动，与此类似，不再详述。

外扰是指机侧调门开度的改变带来的扰动。

蒸汽压力对负荷带来的干扰很大，同时蒸汽压力反过来又受到负荷的影响或者说是干扰。当机组设定负荷升高，调门开大，进汽量增大，直接影响蒸汽压力，使其降低；反之升高。

所以说，蒸汽压力和机组负荷之间是一个互为影响、双向耦合的关系。

对于整个机组来说，我们需要调节的最根本的被调量就是机组负荷，而机组负荷与蒸汽压力之间，又是互为耦合的两个系统。如果要详细阐述蒸汽压力的调节方式的话，最好是把机组负荷和蒸汽压力作为一个有机的大的整体来介绍，那就是机炉协调控制了。这个在下一节详细说明。

要先说明蒸汽压力这个小的系统，先介绍一下直接能量平衡公式。

## 3. 直接能量平衡

直接能量平衡的概念是在 1955 年，由美国的 L&N 公司 (Leeds Northrup Co.) 提出的。

所谓直接能量平衡控制，是相对于间接能量平衡来说的（间接能量平衡要在下一节协调系统中详细说明）。简言之，所谓直接，就是我们直接把汽轮机所需要的能量，与锅炉所供给的能量，进行平衡控制的方式。

如果抛开协调控制系统这个具有全局性的观念来说，直接能量平衡公式对于锅炉侧蒸汽压力的调节是非常好用的。或者可以这样说：能量平衡公式就是以炉跟机为控制方式的压力调节系统。

能量平衡公式的表达式如下：

$$(P_1/P_T)\times P_{sp}=P_1+c(dP_b/dt)$$

式中 $P_1$——速度级后压力；

$P_T$——机前压力；

$P_{sp}$——蒸汽压力设定值；

$P_b$——汽包压力；

$c$——锅炉蓄热能力；

$dP_b/dt$——汽包压力的微分。

$(P_1/P_T)\times P_{sp}$ 代表汽轮机侧的能量需求，$P_1+c(dP_b/dt)$ 代表锅炉的能量供给能力。两者均衡，叫做能量平衡。

$P_1/P_T$ 代表了汽轮机调门的开度。用这个代表调门开度而不直接采用调门的位置反馈，其中一个原因是：汽轮机调门在调节的过程中，会出现死区、线性问题。只要调门影响了进汽量，必然首先影响机前压力 $P_T$，随后影响速度级后压力 $P_1$。

能量平衡公式实际应用的原理框图如图 3-38 所示。

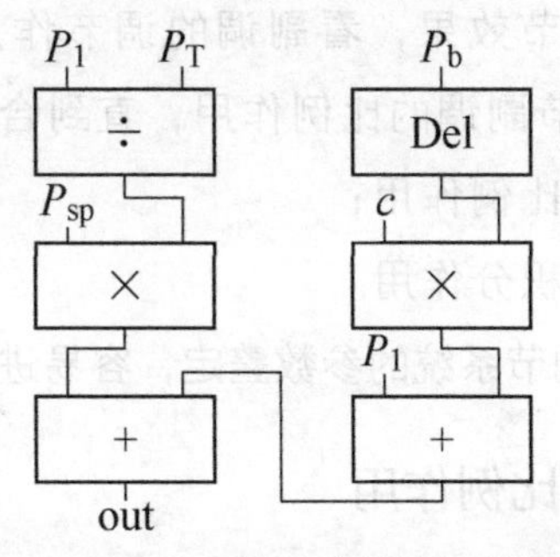


图 3-38 实际应用原理图

## 4. 参数整定

对于直接能量平衡公式下的主汽压力调节系统来说，其参数整定的关键，就在于一个字：快。参数是否能够让燃料量的调节足够的快。

调节快的实现有两个方法：一是调节微分参数，一是调节比例作用。

前面说了，汽包压力的微分表征了锅炉吸热量的变化，所以我们要重视这个参数，但又不要对它寄予太大的希望，毕竟它只是起到一个辅助的调节作用。

微分增益有个基本的设置范围，根据机组负荷的大小而变化。其范围大致是：在设置微分增益的时候，如果微分增益偏大，可能会造成输出抖动，可以适当增加微分时间以抑制抖动。

微分增益在这个系统中不是最重要的，最重要的是设置比例和积分。我们可以按照下列步骤来进行参数设置：

① 将主调的比例作用设置在较弱的范围内，一般可以设置为 100～200；

② 将主调的积分作用设置在较弱的范围内，一般可以设置为200～300s；

③ 将副调的积分时间设置在更弱的范围内，可以令其大于500；

④ 将副调的比例作用设置在100；

⑤ 不断观察调节效果，看副调的调节作用能否足够抑制干扰，如果不行就调节副调的比例作用，直到合适为止；

⑥ 整定主调的比例作用；

⑦ 整定主调的积分作用。

对于蒸汽压力调节系统的参数整定，容易进入下面两个误区。

### （1）忽视副调的比例作用

对于这个系统，正定参数的关键在于副调的比例作用是否合适。其他参数稍微弱点关系不大，副调的比例作用不合适的话，系统很难稳定。

有许多参数整定人员没有抓住这个问题的关键，蒸汽压力自动始终难调节好，一般造成的结果是汽压波动大，给粉量波动也大。经常给粉量在最大和最小之间无规则震荡。一般整定者面对这个系统，整定不好的话，会将问题归结为煤质的因素，而不再进行深入整定。

一般来说，只要充分关注了副调的比例作用，只要煤质波动不算太大、发热量能够满足要求，这个系统应该可以很好的稳定在±0.05MPa范围之内，甚至更低。

一般的整定方向是：副调的比例作用可以不断加强，一直加强到出现明显的规律性的等幅震荡为止，然后将副调的比例作用减弱30%～50%即可。

### （2）不敢放弱副调的积分作用

副调的积分作用在此几乎没有什么用处，我们可以将其弱化甚至取消。

可是一般整定人员对此却不敢放开手脚，总觉得积分作用不敢太弱。我们要记住：积分的目的，是用来弥补静态偏差的。副调不需要控制静态偏差，所以我们可以大胆将副调等级分弱化。

回归到一句话：干我们这行的，既要心细如发小心翼翼，又要大胆突破常规。

什么时候小心翼翼？对待主要的调节系统，我们在整定参数的时候，一不小心就可能使得系统波动、震荡甚至发散，所以要小心翼翼。

什么时候心细如发？火电厂调节系统的干扰因素众多，对于复杂调节系统，我们要善于读懂曲线，判断曲线每一个波动为什么会发生，是什么原因造成的，从一个微小的不合常理的波动中发现问题的症结。

什么时候循规蹈矩？我们对待比例、积分、微分的基本概念要循规蹈矩，不越雷池。

什么时候大胆？掌握了基本概念，遵循基本概念后，敢于做一些基本概念内的与常规经验不大相符的事情。

什么时候突破常规？对于一些困难的复杂的调节系统，可以抓住一个基本概念，深入发挥，突破常规，也许会得到异乎寻常的效果。比如前面说的汽包水位调节系统的变态调节。

同时，在大胆突破常规的思路下，实践的时候还要加倍小心哦。安全是一切事情的前提。

## 5. 调节周期的认识误区

干扰越多、工况越复杂的调节系统，参数整定得越好，其调节周期越不明显。对于像蒸汽压力这样复杂的调节系统，不管是被调量还是调节输出，曲线的波动都不应该呈现出明显的周期性，更不应该显出明显的正弦波曲线的特征。

因为：当一个干扰来临后，如果干扰不再发生，那么调节系统经过调节后，系统很快趋于稳定，这时候被调量就不再波动，输出也不该波动。被调量和输出都趋于一条直线。

而复杂调节系统干扰多，每个干扰的发生在时间轴上是没有规律性的。所以无论是主调还是副调，被调量的波动在时间轴上也不应该呈现出较强的规律性来，那么输出的曲线也不应该呈现出很强的规律性来。

所以，干扰复杂的调节系统，调节周期是不明显的。如果一个干扰因素众多、干扰状况复杂的调节系统，有着很强的调节周期，那么必然说明：这个系统的参数整定工作做得不够好，参数整定还有很大的空间。

这种规律性表现为三个方面：

① 如果比例作用过强，会产生振荡。往往被人忽视的是复杂系统的接近于等幅的震荡。

② 如果积分作用过强，也可能会产生类似于等幅的震荡。积分作用过强也是可以产生等幅震荡的。见图 3-39。

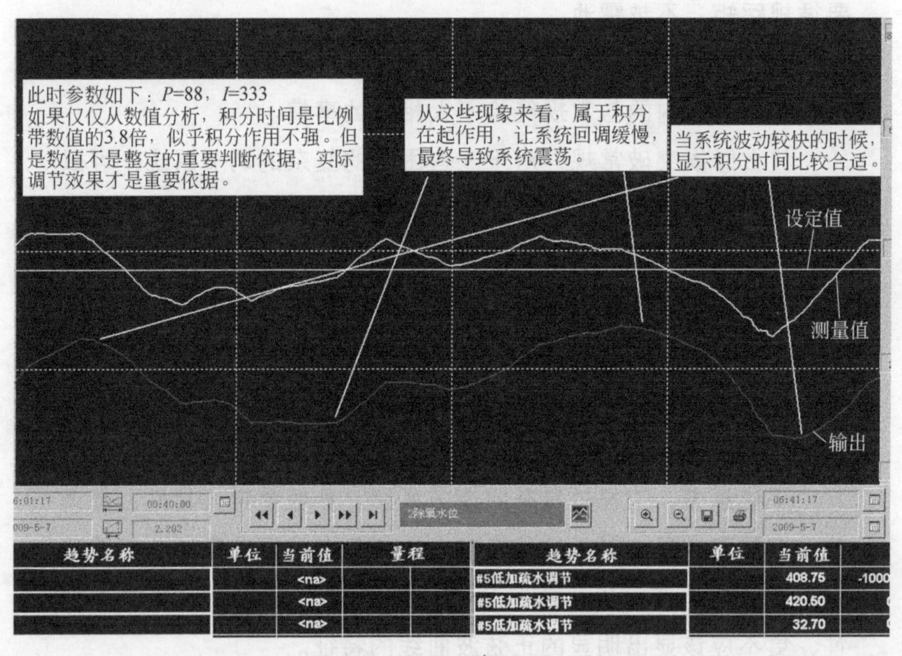

图 3-39　效果图

因为积分作用过强导致调节滞后，等到调节真正发挥作用的时候，被调量已经或者正在超差，最终导致输出超调，发生等幅震荡。

③ 如果微分作用过强，有两种可能发生：微分时间较短，

输出曲线很多毛刺；微分时间较长，输出虽然没有毛刺，但是输出会有较猛烈的抖动。见图 3-40。

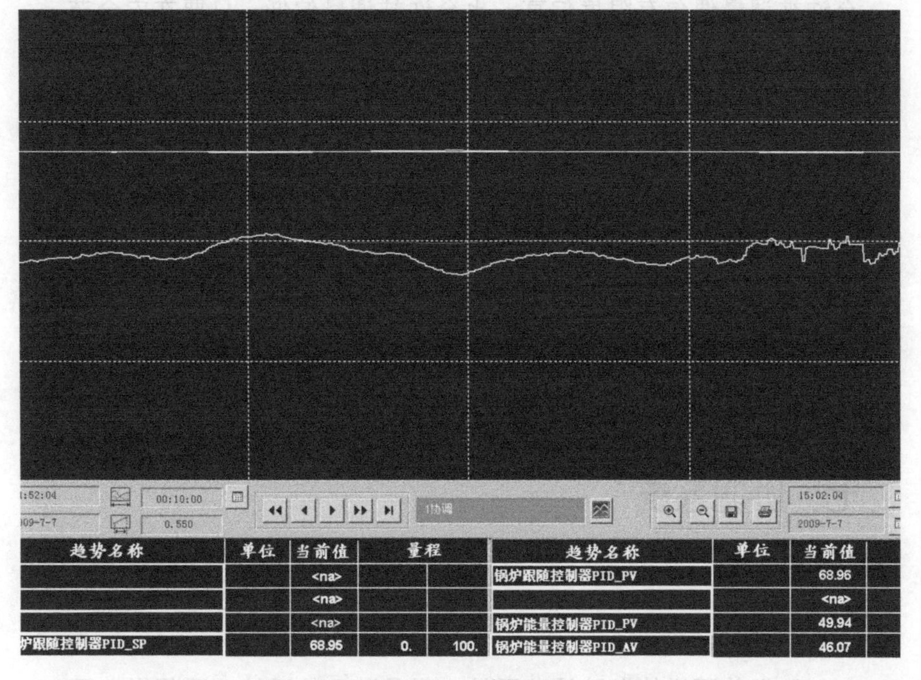


图 3-40 效果图

不管微分时间是长还是短，只要微分作用过强，表现在趋势图上的特征是：输出曲线抖动较大，被调量曲线虽然也会波动，但是周期特征未必明显。

④ 等幅震荡的产生是有害的，但不是所有的等幅震荡都是危险的。那么什么情况下的等幅震荡是有害的，什么情况又是安全的呢？

有些自动调节系统对系统波动极其敏感。比如汽包水位调节系统，一旦发生震荡，最小的危险就是水位波动大、蒸汽流量波动大、给水流量波动大、给水泵出力波动大；更大的危险是濒临发散，而一旦系统发散，就有可能发生满水或者干锅。所以汽包水位是要坚决避免系统震荡的。

有些调节系统，本身重要性不大，波动一些危害不大。比如低加调节系统。

还有一些调节系统，比如蒸汽压力或者减温水调节系统，它允许被调量偶尔有限度偏高，也允许被调量偏低，只要在安全范围内，它的波动会造成效率降低，对系统的安全有一定的容忍性。尤其是对蒸汽压力统计系统来说，整定不好的话经常会发生输出震荡。

这个震荡状态，多表现为欠调震荡。就是说，比例作用过弱造成的震荡。

欠调也会发生震荡?

是的。具体分析，看下节中关于比例过弱情况下的震荡中的分析。

## 七、协调系统

### 1. 重要性

我们前面说的自动调节系统，都是独立的系统，互相影响不大，最多有两个或者多个系统发生耦合，我们顶多加个前馈就可以解决问题。比如高低加调节系统，一个加热器出来的凝结水流入另一个加热器，产生耦合。这种耦合有两个特点：

① 耦合是单方向的，A 对 B 发生影响，B 不会对 A 发生影响；

② 参与耦合的每个系统对别的系统或者整个机组影响不大。

我们在叙述前面的调节系统的时候，经常会发现有一个“魔鬼”，折腾能力相当的强，几乎所有的系统都要受到它的影响，这个“魔鬼”就是负荷。还有个“混世魔王第二”，几乎所有的炉侧系统也都要受到它的影响，这个“魔王”就是汽压。而“魔鬼”和“魔王”之间一点都不顾全大局，也都想做老大，互相给对方使绊子，最终把整个机组都弄得“心惊肉跳”。

为了平衡或者说管理这两个“魔”，我们设计了这个协调控制系统。

协调系统是为了平衡机组负荷和锅炉能量供给能力之间的矛盾的系统。再详细一点，可以说是平衡汽轮机做功与锅炉能量供给能力之间的矛盾的系统。

基本的平衡方法有两种：机跟炉，炉跟机。

## 2. 直接能量平衡公式

在前面一节蒸汽压力调节系统中，我们已经详细说了直接能量平衡公式，能量平衡这个概念本身就包含了协调的控制思想。$(P_1/P_T)\times P_{sp}$代表汽轮机侧的能量需求，$P_1+c(dP_b/dt)$代表锅炉的能量供给能力。合起来作为锅炉侧调节燃烧的能量供给，而用汽机侧调速器门调节机组负荷。

$(P_1/P_T)\times P_{sp}$这个信号本身就是锅炉侧的前馈信号，代表了机组的负荷指令。至于汽轮机侧的前馈信号，为什么没有使用，在本节的"机炉之间的耦合与解耦"部分，最后一部分作说明。

## 3. 间接能量平衡公式

我们知道，机炉控制的根本任务，或者说协调的根本任务，其实就是一个问题：如何达到能量平衡。锅炉提供能量，汽轮机吸收能量做功，如果做功大于供给能量，蒸汽参数就会降低，最终做不了那么多的功；如果做功小于供能，那么蒸汽参数就会提高，最终做功不得不提高。不管蒸汽参数过高还是过低，都是蒸汽品质降低，都会带来危险。

或者说，直接能量平衡公式也可以这样来表达：

**供给能量= 消耗能量**

直接能量平衡的目的在于，努力找到两个参数或者参数群：

锅炉供给能量的参数或者参数群（能量不能直接用一个参数来代表，所以这里说是参数群。这是不规范的说法）；

汽轮机做功，或者说消耗能量的参数，或者参数群。

找到了这两个参数群，我们努力控制参数群，最终就实现了能量平衡。这种方法叫做直接能量平衡。

还有另外一种方法来达到能量平衡：

我们不去考虑能量问题，我们努力寻找一个特征参数，然后用这个特征参数来表达锅炉输出能量与汽轮机消耗能量的平衡的情况。这个方法叫做间接能量平衡方式。间接能量平衡常用的特征参数是机前压力。我们通过机前压力的高低，来判断供需之间是否平衡。

那么，怎样依靠机前压力来满足供需平衡，并且达到调节负荷的方法呢?

很简单，用锅炉或者汽机来满足机组负荷的需求，用汽机或者锅炉来调节，实现能量供需平衡。

说到此处，我们无需用繁杂的公式来表达，也无需用冗长的程序来说明直接能量平衡公式了。

## 4. 机跟炉

当负荷指令下达后，最理想的状况是汽机调门、锅炉燃烧同时进行调节，让汽机锅炉一起动员起来，共同让机组负荷改变；同样地，当蒸汽压力变化之后，也让机炉联动，一起调节汽压，最终使得机炉控制快速而稳定。这就是设计协调系统基本理念。

可是现实是机侧调门动作快调节快，炉侧燃烧调节慢响应慢。并且，让机炉一起调节负荷会有个共模促进作用，一起使得原本就难以稳定控制的蒸汽压力波动会更大。所以，我们不得不考虑以谁为主来控制负荷、以谁为主来调节汽压的问题，于是就产生了机跟炉和炉跟机。

所谓机跟炉，就是当机组负荷指令下达之后，让指令直接去指挥锅炉，让锅炉增加给粉量和风量，带动汽压波动，改变了蒸汽的焓，从而调节了机组负荷。蒸汽压力改变后，汽轮机调速器门改变，以调节汽压。当汽压高的时候，开大调速器门，蒸汽得到释放，汽压降低，反之增高。

同时，协调系统之所以叫“协调”，就是因为机炉调节之间是有相互关联的。

机组负荷指令下达给炉侧之后，机侧同时也得到了负荷指令，让汽机侧进行超前调解；机侧汽压信号波动后，炉侧也得到调节指令。机炉手拉手一起进行负荷、汽压调节，故而叫协调控制。

机跟炉主要依靠锅炉来调节机组负荷，给粉量、燃烧传热都需要一定的时间，故而锅炉响应指令的速度比较慢。但是它最大的好处是汽压稳定性比较好。尤其是对于锅炉侧自动调节系统，比如减温水调节系统等，只要汽压控制稳定，波动小，炉侧其他自动波动就也小，也容易稳定。

所以，机跟炉协调调节效果的特点是：

① 响应负荷的速度较慢，有一定的滞后。

② 负荷波动略高。

③ 汽压响应速度较快，燃烧较稳定。

④ 炉侧自动运行较易平稳。

⑤ 对机炉之间传递的超前信号依赖性不强。

显然，机跟炉协调调节方式的优点是对其他调节系统干扰较小，其他自动运行较易平稳。缺点是响应负荷的速度较慢。

从发电厂的角度来看，响应负荷速度慢不是什么坏事。如果中调对 AGC 的调节质量不进行考核的话，这个缺点就不算缺点了。

## 5. 机跟炉方式的参数整定

无论是机跟炉方式还是炉跟机方式，其参数整定都可以分为两大块：炉侧系统和机侧系统。然后我们分别对机侧和炉侧两大系统进行参数整定。

## （1）炉侧参数整定

上一节说了，机跟炉调节方式的缺点是响应负荷的速度比较慢，如果不考虑 AGC 的调节品质的话，炉侧调节系统的整定工作就很容易了，甚至可以说对调节品质要求不大高了。如果中调要对负荷响应速度进行考核，那么我们就必须注意炉侧自动的调节品质。

对于协调系统炉侧自动的调节思路，应该突出一个字：快。我们要使炉侧的燃烧调整尽可能快的适应负荷的需求。要满足这个要求，基本思路是注重比例作用，不忽视微分作用。

微分是汽包压力的微分，表征锅炉吸热量变化的参数，它对炉侧负荷调节的作用很大，设置好这个参数可以对该系统起到很好的辅助作用。

副调的比例作用要大胆强化。

具体方法参看蒸汽压力调节系统的参数整定。

## （2）机侧参数整定

对于机侧调节系统，要把握一个字：细。

机侧调节蒸汽压力很容易，调速器门一关，汽压迅速上升；一开，汽压迅速下降。而汽压波动会造成炉侧其他自动的扰动，所以机侧调节，一定要让执行机构动作碎点慢点。实现的方法是减小死区，适当弱化比例作用，适当增强积分作用。

## （3）机炉之间的干扰

由于负荷响应较慢，负荷造成的汽压干扰，对于机侧调节来说，几乎不存在什么问题，调节起来快速而有效。机侧调节对炉侧燃烧造成的干扰较大，炉侧燃烧控制要尽量快，跟前面说的整定方法一样，不再叙述。

## 6. 炉跟机

所谓炉跟机，就是让汽轮机调节机组负荷，让锅炉调节汽压的调节方式，也称汽机主控方式。

炉跟机的调节方式主要有以下特点。

### （1）响应负荷的速度比较快

由于用汽轮机调门控制机组负荷，调门直接控制进汽量，所以负荷几乎在调门启动的瞬间即可改变，负荷响应速度比较快。

### （2）汽压波动稍微大且滞后较大

机侧调整快速，蒸汽流量波动快速，对蒸汽压力造成的干扰较大。汽压波动后，锅炉侧调整给粉量，给粉量燃烧后影响炉膛热量、烟气流速等，最终热量传递给蒸汽，蒸汽压力发生改变，这个过程有一个滞后。因为有滞后，造成汽压调节不够灵敏，导致波动较大。

### （3）炉侧其他自动控制容易受影响

如果汽压控制不稳，炉侧其他自动控制系统受干扰比较大。

### （4）机炉调节之间互相干扰较严重

炉侧汽压对机侧的影响可以忽略不计，因为机侧调节响应快。

机侧调节对炉侧的汽压影响较大，需要炉侧调节系统进行尽量快速的调节。

### （5）对机炉之间传递的超前信号依赖性较机跟炉大。

由于汽机响应较快，所以炉侧汽压的变化几乎不必给机侧一个前馈信号。

由于炉侧响应较慢，所以机组负荷指令应该同时下达给炉侧调节系统，让锅炉不管汽压是否开始波动，都要提前进行调节。所以炉跟机调节方式中，炉侧汽压对机组负荷的依赖性较大。

在一个整定良好的系统中，几乎可以不考虑前馈信号。怎么整定？请看下一节：参数整定。

## 7. 炉跟机方式的参数整定

跟机跟炉调节方式一样，都是锅炉侧响应速度比较慢，对于协调系统来说，最关键的问题其实就是炉侧调节怎么快速适应调节要求的问题。这跟上一节的方法有点类似，一定要努力使得炉侧调节要快一些。

协调系统和汽压调节系统的调节系统不是一套调节系统。单纯的汽压调节系统往往是间接能量平衡方式，而协调系统是直接能量平衡方式。但是不管采用哪种方式，其参数整定思想是一样的，我们可以根据上一节汽压调节的方法来整定协调，都是力图让副调的比例作用增强。

我们甚至可以不必追求协调系统中，炉侧参数要多么快，只要追求炉侧参数“合适”或者“适当”即可满足快的要求。所谓合适，就是让我们系统的参数整定效果，达到汽压以下要求：

① 汽压波动大很小；

② 快速响应扰动；

③ 调节曲线没有明显的周期性规律。如图 3-41 所示。

图中，无论是测量值汽压、还是输出，我们都看不到明显的周期规律。

如果系统的参数整定做到了“合适”，那么我们就完全没有必要再追求这个“快”字诀。比合适再快一步就容易引起震荡了。

而我们之所以强调协调系统中，炉侧参数要快，是因为实际运用过程中，有些参数整定人员不敢下手，觉得差不多就可以了，最终，汽压系统不够合适，不够快，因而系统调节起来不够稳定。

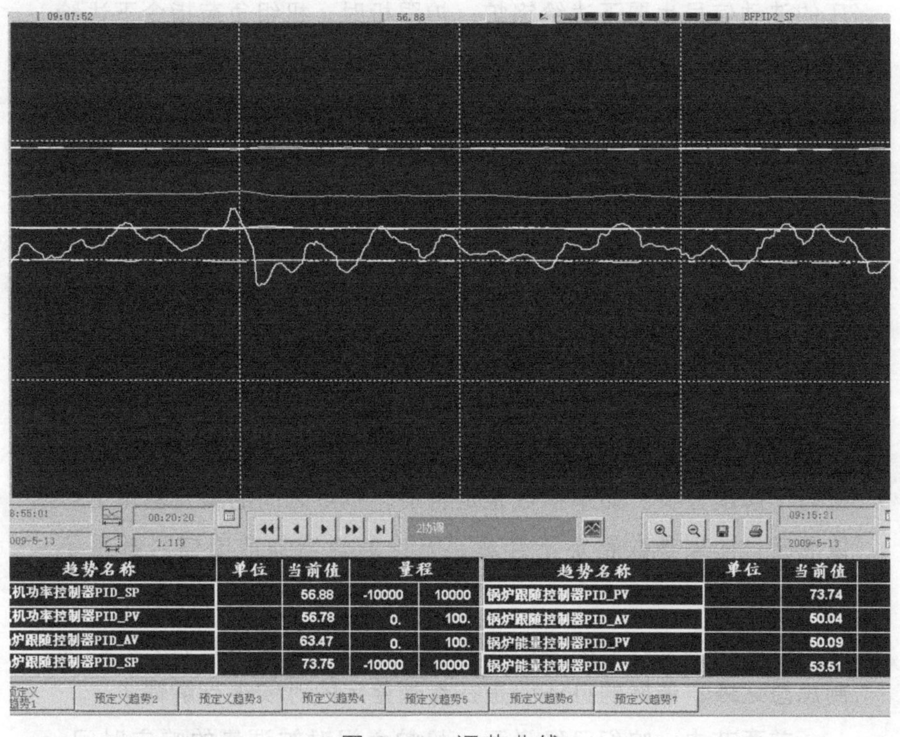


图 3-41　调节曲线

对于机侧调节系统，我们就不应该追求快了。因为机侧响应能力本来就很快，如果我们让系统快些，就会给炉侧的汽压调节造成干扰，所以，我们让机侧调节还是把握一个字：细。

也就是说，当机组负荷指令改变的时候，机侧系统可以进行一系列的输出调节，每一次调节量都比较小，最终使得机侧系统既响应了符合指令，又对炉侧系统干扰不大。

## 8. 机炉之间的耦合与解耦

前面几部分已经讨论了机炉之间的耦合问题。不管是机跟炉还是炉跟机，锅炉进行的燃烧调整要影响汽机，汽机侧的调门调整也要影响到锅炉燃烧。机炉之间不可避免要有干扰。

要解决的办法就是机主控、炉主控之间互相增加前馈。机跟炉方式时，机组负荷指令下达给锅炉的同时也要下达给汽机，汽压的波动信号也要下达给锅炉；炉跟机时，机组负荷指令下达给汽机和锅炉，锅炉汽压信号也给汽机。这些负荷和汽压信号的传递，实际上是前馈信号，锅炉汽机在调解的同时，考虑到前馈信号的波动，并进行前馈调节，是协调的最基本思想。

应该说明的是，协调系统本意不是为了互相增加前馈信号这么简单。其本意是机炉之间一起调节机组负荷和汽压，可是由于锅炉汽机之间的特性不同，才不得不设立了以一方为主调节负荷另一方为主调节汽压的方法，于是就有了机跟炉和炉跟机的调节方式。利用前馈信号进行解耦，是协调的基本思想。

前两节关于协调的参数整定方法中，其实已经对系统的耦合进行了解耦分析。如果参数整定合适，机炉之间的耦合基本上可以忽略，如果参数整定不合适，无论怎样增加前馈信号都是不行的。

协调系统中，机炉之间的解耦，除了已经成熟的机炉协调控制思想之外，最好的办法就是在参数整定的时候进行解耦了。

前两节中，咱们已经说了，机炉之间对被调量的响应时间、调节周期都是不同的，那么我们可以充分利用这个不同进行解耦。我们努力放慢汽机的调节作用，加快锅炉的调节周期，应该是比较有效的解耦方法了。

另外需要说明的是，对于解耦，几乎每个厂家、每个专业编程人员都注重了汽压和负荷的前馈作用。几乎所有的协调系统中，都会使用汽压和负荷的前馈信号。这在设计思路上是正确的，但是在调节过程中，或者在整定过程中，至少汽轮机侧的前馈信号是可以漠视的，甚至是可以删除的。

因为很明显，不管是机跟炉还是炉跟机方式，调节的重点在于如何让锅炉调节的更快，而汽机侧根本无需去追求更快，因而汽轮机侧的调节系统，无需依赖超前信号。

也就是说，对于机跟炉调节方式来说，汽轮机的调节系统无需锅炉的负荷前馈信号；对于炉跟机调节方式来说，汽轮机侧的调节系统也无需锅炉的汽压前馈信号。

这也是本节第二部分中，关于直接能量平衡公式部分谈到的汽轮机侧不要前馈信号的原因。

图 3-42 说明了，努力拉开机侧、炉侧的调节周期，对系统的解耦作用。

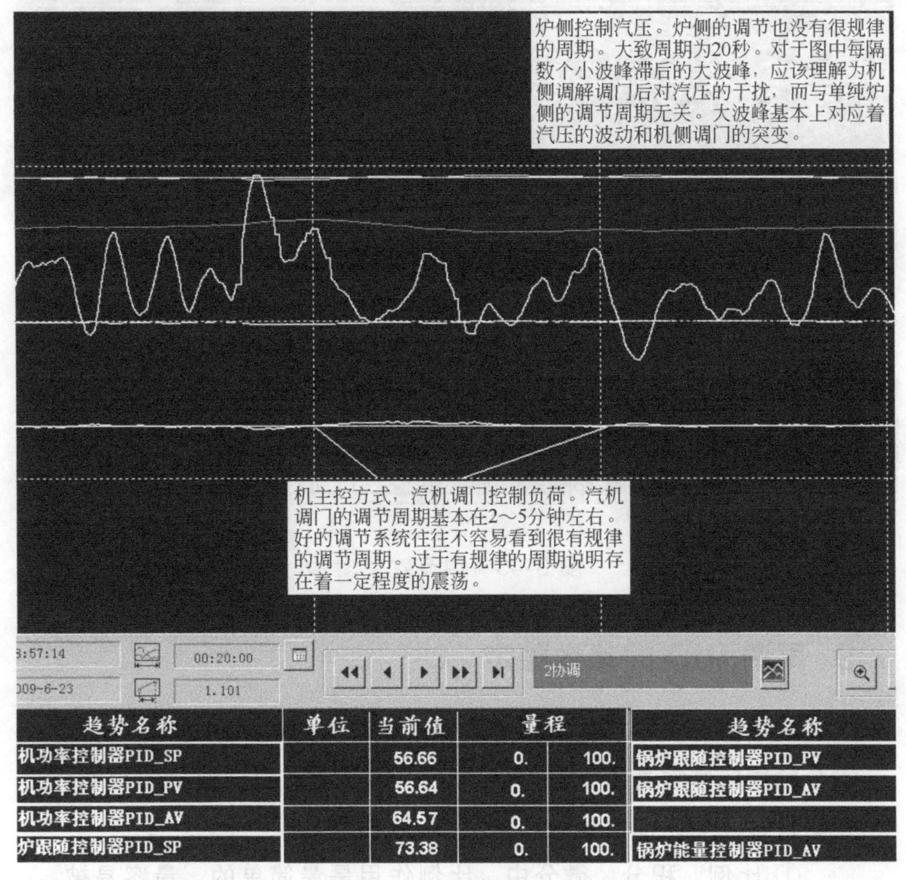

图 3-42　调节效果图

图 3-43 左侧是参数整定比较合适的曲线。曲线中我们可以看出，不管是被调量还是输出，其波动曲线都没有明显的规律，波动周期也无规则。右侧是增强比例作用后，令副调有规律的震荡的调节效果图，图中我们可以看出，输出曲线接近于震荡，输出震荡导致被调量也发生了震荡，其规律性比较明显。

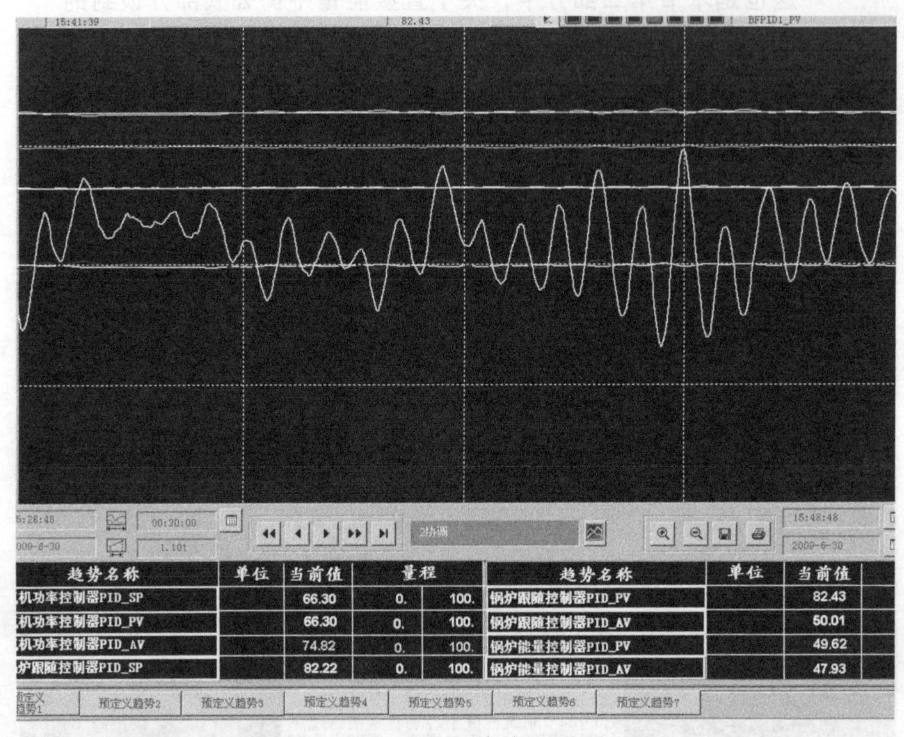


图 3-43 调节效果图



## 9. 再说 PID 的参数整定

经过前面严格训练的读者，辅之以长久的观察和思考，积分微分性质的掌握基本上没有问题了。对于比例积分微分的规律，还要再说几句，加深认识：

① 比例、积分、微分中，比例作用是最简单的，最容易被认识的；

② 积分、微分学习起来稍微困难一点，初学者误解较多；

③ 认识积分、微分以后，深刻领会比例作用，明确回答某些系统（比如蒸汽压力系统的副调）的比例作用是否合适，却更加困难；

④ 深刻领会比例作用之后，对积分作用的灵活运用是最难的。

本节力图说清楚第③、④个问题。

## （1）比例作用是否合适

有许多搞了好多年自动控制的人，包括笔者在内，说起自动调节来，都不敢说吃透了PID。一个系统到底整定得如何，很难下结论说够了，只能说目前这个参数可以用了。如果想要继续优化的话，即使在稳定工况下，也要再观察一段时间，再朝大小两个方向调试几次，再观察变工况情况下的运行，然后才能下结论。

说吃透PID，并不是说完完全全把自动调节彻底掌握。而是说，对比例、积分、微分的基本性质吃透，彻底了解它们在趋势图上的特征，然后据此判断PID参数的大小。

真要吃透，确实是不容易的。笔者在整定参数的时候，也经常发生不仔细分析的情况，等过了一个小时，突然明白过来，免不了自责：经验整定法早已掌握，可是这样简单的问题刚才竟然没有去想，竟然还会走弯路。

那么，到底什么样的参数是合适的？这是所有人会经常问到的问题。

尤其针对一些不太简单，不太常规的系统。比如说对蒸汽压力副调的参数的确定，许多人都难说到底比例合适了没有。

怎么判断到底比例作用合适不合适？

当一个系统能够稳定运行，且没有强烈周期性的话，那么这个参数是很好的。

稳定运行是判定的前提。象蒸汽压力这样的系统，对参数不是特别敏感。往往副调的比例带上下变化50%，仍然能够稳定

运行，只是蒸汽压力的波动有大有小。参数是否合适，不大容易确定。

### （2）判定参数是偏大还是偏小

对于一个简单调节系统，比如高低加系统，判定参数的大小是比较容易的。因为它们的曲线很简单。可是对于复杂调节系统，比如汽包水位、蒸汽压力、协调系统等，就不那么容易了。即使是一些有经验的专家也不一定能够准确指定，更不用说单靠所谓的整定口诀了。对待这些系统，口诀仅仅作为参考。

笔者经过长久的思考，得出这样的结论：

如果一个系统虽然稳定，但是有较强的周期性，那么这个系统的参数整定是不够好的。在充分熟悉了积分、微分参数性质的情况下，一般我们都可以较容易地把积分、微分参数的因素排除。那么确定比例参数的方法是：增强比例作用，看系统的波动是强了还是弱了，如果没有明显变化，那就继续增强直到确认为止。

或者减弱比例作用，看系统的波动是强了还是弱了，这一点不大可靠。因为实际上跟许多书本介绍的相反，比例作用过弱也会造成被调量大幅度波动，许多人会误以为这也是震荡。这个震荡跟比例作用强的时候的震荡是不同的。

需要说明的是，有的系统对参数极为敏感。比如汽包水位三冲量调节系统，它的副调的比例作用有时候哪怕增强了 2%，都有可能造成系统震荡。危险性很大。所以我们在设置这个参数的时候一定要小心。

也有的系统对参数不够敏感。比如蒸汽压力调节系统，比例带有时候上下浮动 30%，问题也不大。图 3-42 和图 3-43 就是如此。

那么有没有更好的判断办法？方法还是有的。

第二章说过：无论是比例作用过强还是过弱，其调节曲线表现在趋势图上都有可能是越波动越大，从而给初学者一个比例过弱也会造成震荡的感觉。那么怎么判断比例是过强还是过弱呢?我们可以观察大幅度的开始到波动越来越大这段时间内，其调节周期。如果调节周期越来越短，那么毫无疑问，比例作用过强;如果周期越来越长，那就是比例作用过弱。我们借此可以修改参数。

认真学到这里的读者，相信不会再问为什么不是积分作用不当这个问题了。因为前面说了，积分是否恰当，与积分拐点有关。积分拐点是判断积分强弱的重要标志。

可是积分作用的灵活运用又灵活在哪里呢?灵活在抛弃积分拐点这个概念的地方。那么什么时候可以抛弃积分拐点这个概念?这个概念可不是轻易能够抛弃的，它需要你时时关注它。可是在有些情况下可以完全不管它。

哪些情况下呢?此处不能罗列穷尽这个情况，否则它就不叫做最困难的问题了。可以至少得出以下结论:

在串级调节系统中，副调有反馈信号的地方，可以抛弃积分拐点这个概念。注意，这里是说“可以”，而不是必须。如果这个系统用积分拐点已经无法深入改善调节品质了，那么你不妨抛弃它，尝试把积分作用增强，然后呢?然后再增强，然后呢?然后观察情况，如果不震荡就再增强。一直增强到你平时都不敢相信的地步，直到副调的反馈信号始终不离不弃地跟踪主调的输出为止。副调的反馈信号是干什么的?就是为了克服扰动跟踪主调的命令的，如果跟踪慢了，你还不能让比例增强，因为如果比例增强又容易发生震荡，这个时候，积分就咬紧了主调输出的命令，死死盯住他，只要反馈信号跟不上趟，就让输出一直变化，直到跟上为止。

在做这个事情的时候，我们一定要注意设置副调的死区，否则容易发生执行器动作过频烧坏电机的危险。

还有什么灵活运用的地方呢?需要广大读者继续深入探索了。

图 3-44 中，为了让大家看清楚，笔者将被调量的量程压缩。

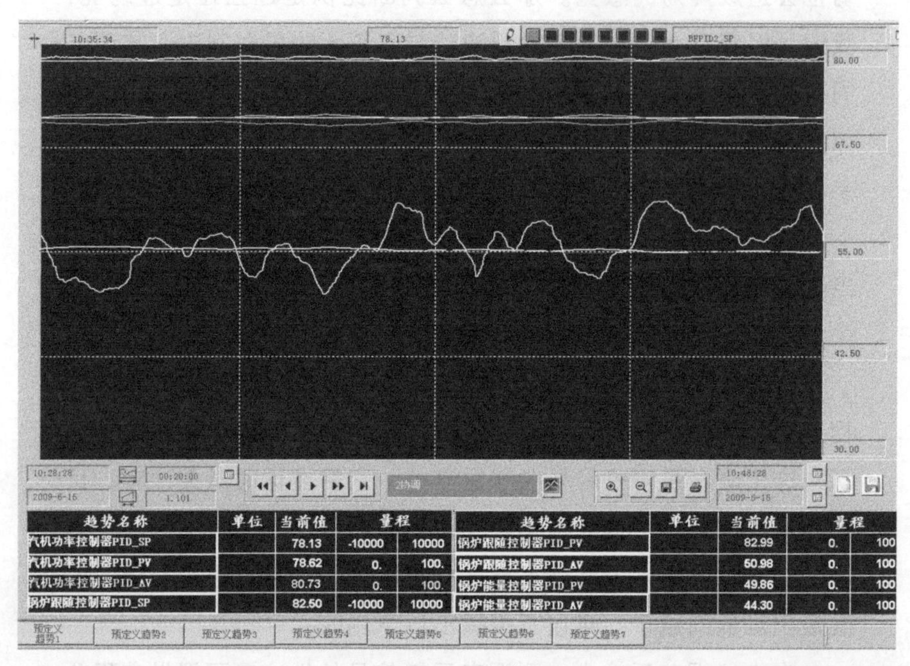


图 3-44 调节效果图

这是协调整定效果比较好的截图。图中可以看出：无论是被调量还是输出，都是无规则波动的。越是复杂系统，规则就越不明显。

## 八、CFB-FGD 脱硫方式下的 $SO_2$ 排放浓度控制

现在环保工作越来越成为电厂工作的重中之重。一般火电厂采用的脱硫方式是湿法脱硫。本节主要介绍干法脱硫方式下的 $SO_2$ 排放浓度控制。

### 1. 工作原理

该脱硫系统是引进德国鲁奇技术的烟气循环流化床（CFB-FGD）半干法脱硫技术，设计原煤含硫量在 0.33%～1% 之间，脱硫效率 90% 以上，分三个基本自动控制流程。

（1）二氧化硫排放控制

监测 $SO_2$ 排放量信号，用于调节脱硫剂的加入量。当 $SO_2$ 排放量较大时，就应加入更多的吸收剂去吸收更多的 $SO_2$；当 $SO_2$ 的排放量较小时，就应减少吸收剂的使用，使系统运行经济合理，降低成本。

（2）脱硫塔温度控制

调节喷水系统的开度和喷水量的大小，使床温在各种负荷和工况条件下，烟气的酸露点温度始终保持在较高处，这样，吸收剂的活性最佳，能够较好地捕捉 $SO_2$，并发生化学反应，提高脱硫率。

（3）脱硫塔的压降控制

监测脱硫塔的压降，用于调节再循环量的大小，使脱硫渣的循环量和循环次数控制在设计范围之内，这样既可控制下游脱硫除尘器的入口灰尘的质量浓度和烟囱烟尘质量浓度的排放，又可提高吸收剂的利用率，降低碱酸比。

烟气循环流化床（CFB-FGD）半干法脱硫主要控制回路示意图见图 3-45。

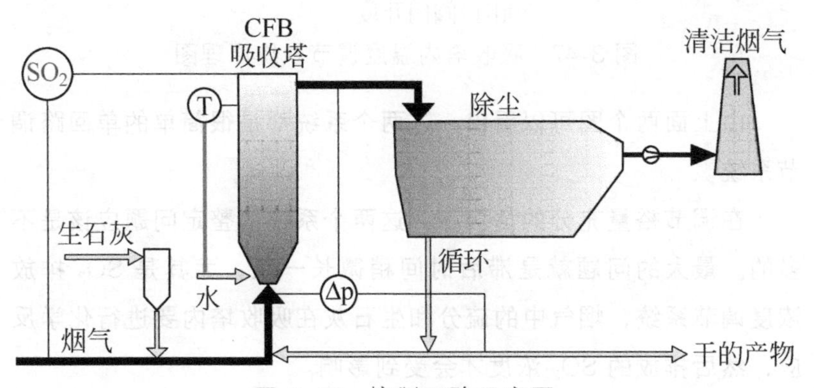


图 3-45　控制回路示意图

三个控制回路完全独立，各行其是，互不影响，脱硫剂、水和脱硫灰的再循环独立加入到脱硫塔。

## 2. 传统控制策略设计

一般来说，$SO_2$ 排放浓度的控制控制策略是这样的：设计两个调节系统，一个调节系统调节 $SO_2$ 排放浓度，另一个调节系统调节吸收塔内温度。

$SO_2$ 排放浓度调节系统原理图如图 3-46 所示。

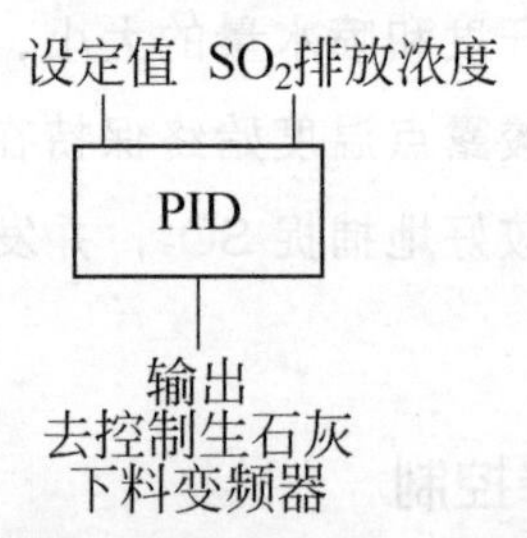


图 3-46　$SO_2$ 排放浓度调节系统原理图

吸收塔内温度调节系统原理图如图 3-47 所示。

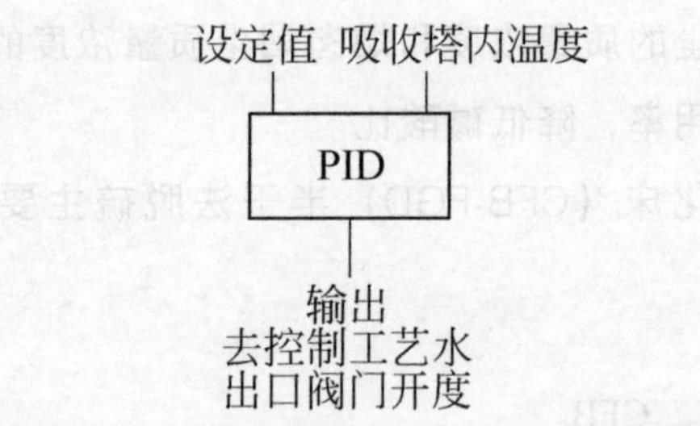


图 3-47　吸收塔内温度调节系统原理图

由上面两个图可以看出，这两个系统都是很简单的单回路调节系统。

在调节裕量充分的情况下，这两个系统的整定问题应该是不多的。最大的问题就是滞后时间稍微长一点，尤其是 $SO_2$ 排放浓度调节系统，烟气中的硫分和生石灰在吸收塔内要进行化学反应，然后排放的 $SO_2$ 浓度才会受到影响。

通过减温水调节系统和蒸汽压力调节系统的介绍，我们可以知道，被调量反应滞后较大，或者说执行单元动作过于超前也是很不好的，也是需要想办法克服的。

这两个系统更大的问题是调节裕度问题。

### 3. 调节裕度问题

对于干法脱硫，烟气中的硫分和生石灰在吸收塔内要进行化学反应，有个最佳反应温度。最佳反应温度设计为 72℃。理论上，我们应当尽力维持吸收塔内温度保持在 72℃，然后再根据 $SO_2$ 的排放浓度，决定生石灰的投入量。

短期内保持吸收塔内温度在设计值是完全有可能的。问题是如果长久保持在设计值的话，也会有很大问题：

首先是工艺水量过大。相比与环保的重要性来说，这个问题还是可以忽略不计的；

其次是设备的腐蚀。当吸收塔温度维持较低的时候，设备的腐蚀就会加剧，最终导致设备使用寿命急剧缩短，甚至造成吸收塔本身腐蚀加剧，最终造成难以使用。

当入炉煤的硫分较低的时候，我们完全可以少投入工艺水，多投入点生石灰，只要 $SO_2$ 能够满足要求即可。

现在我们可以看到，这是个比较难以把握的度。

增加工艺水量→降低反应温度→减少脱硫剂用量→减少 $SO_2$ 排放量→减少排污费。

增加工艺水量→降低反应温度→加剧设备腐蚀→减少设备使用寿命。

怎样在这两条线之间综合衡量，做出取舍，是个比较重要的问题。所以，为了延长系统寿命，并且满足环保排放需求，许多厂都采取以下的模式：

投入脱硫剂→减少 $SO_2$ 排放浓度

当单纯依靠脱硫剂 $SO_2$ 排放浓度不能达到要求的时候，降低吸收塔温度设定值→增加工艺水量→降低吸收塔温度→观察 $SO_2$ 排放浓度并继续调节。

如此反复。

这种方法最终可以调整好 $SO_2$ 排放和工艺水之间的关系。

但是这样让运行人员反复手动调节定值，既浪费时间，也不精确，也不容易实现稳准快的要求。

解决这个问题，就需要一个新的方法：

浓度-温度协调控制。

## 4. 浓度-温度协调控制

浓度-温度协调控制的整体思路，仍旧离不开主要的两个调节器。一个是 $SO_2$ 控制调节器，一个是吸收塔内温度调节器。与单纯的孤立的两个调节系统相比，这个协调控制增加了两个调节系统之间的联系。如图 3-48 所示。

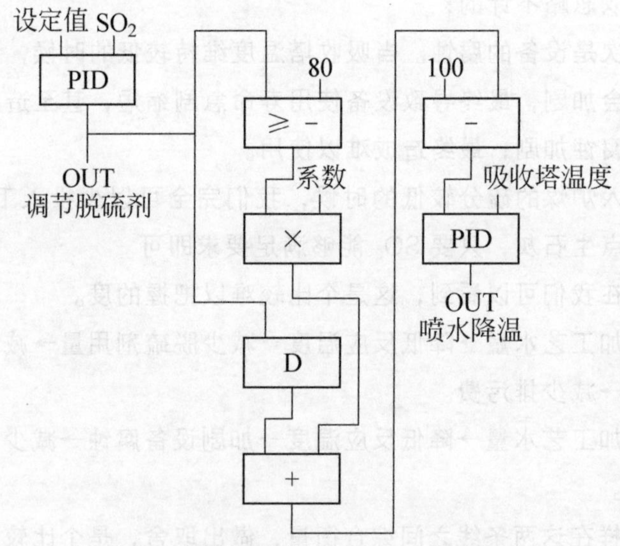


图 3-48　浓度-温度协调控制图

浓度-温度协调控制的基本思路如下：

该协调仍旧是两个调节回路，实际上它更像是一个添加了几个环节的串级调节系统。说它更像，其实不是。因为每个回路都各自有自己要控制的对象，而 $SO_2$ 控制回路的输出一方面要控制脱硫剂的添加量，另一方面要去影响温度控制回路的设定值。

$SO_2$ 控制回路的输出是控制变频器的转速，变频器控制脱硫剂的添加量。那么当变频器输出超过 80% 额定转速的时候，我们可以认为 $SO_2$ 控制回路已经接近最大出力，$SO_2$ 不大容易控制了，这时候，需要降低吸收塔温度。经过倍数和反向换算，进入温度控制回路，去影响设定值。需要说明的是，图中，“≥-”功能模块是个不严格的表述，只是为了叙述简单而做的简化。它的意思是当数据小于 80 的时候，不进行计算，该模块输出始终为 0。

还有一种情况，就是当燃煤的硫分快速变化的时候，此时即使 $SO_2$ 波动还不大，但是从趋势来看有迅速超标的可能，这个时候，我们可以对 $SO_2$ 控制回路的输出进行微分，然后去影响温度回路的设定值。

这个所谓的“浓度-温度协调控制”，只是根据实际运行情况出发，设计的一个思路，具体使用状况，还没有来得及应用到实践中。其他方式的脱硫系统，可与参照此思路进行修改。此思路仅供借鉴参考。

## 九、火电厂自动调节系统投入情况的思考

### 1. 自动调节系统检查的现状

电厂自动调节系统一直以来，都受到行业的普遍重视。以前经常进行“热工三率”抽查，或者定期的检查，“热工三率”其中就包括一项自动投入率。应该肯定，“热工三率”（以下简称“三率”）检查，对电厂自动投入工作有一个非常大的促进作用。但是，其中的弊端也渐渐为大家所明确，可以概括为如下几点。

#### （1）过于机械， 强调共性， 忽略各电厂的个性

每个电厂都有各自独特的问题，自动投入的情况也就受到机组环境的影响。比如有的机组炉膛负压自动调节系统在投入过程中，经常因为一些生产因素，受到干扰。有的锅炉需要打开入孔

阀门进行观察处理，在打开入孔阀门的时候，导致炉膛负压测量突变。但是这个突变因为不是机组运行造成的，因而可以不予理睬，但是自动就要进行干预。再比如，有些电厂的汽封压力自动一般一个月都难调整一次，没有投入的必要。而我们的“三率”的检查却不管生产运行情况，一概进行统计。因而有些不够科学。

### （2）对一些重要自动控制系统重视不够

一般来说，电厂最为重要的自动调节系统有如下几个：

汽包水位自动调节系统；

主汽压力自动调节系统；

一次汽温自动调节系统；

协调控制；

磨煤机综合调节系统。

关于二次汽温自动调节系统，后面还有叙述。因为情况复杂，暂不列入。

对于以上自动调节系统，也许各个电厂都可以投入，但投入的质量有很大不同。并且，正因为这几个重要自动，才使得机组的安全性经济性得到重大提高，电厂最需要投入的，也是这些自动。当然，像高低加水位、除氧气水位等系统也非常重要，但是因为系统简单，投入容易。机侧最为麻烦的自动调节系统，也不过是若干系统之间互相影响耦合的状况，通过一些逻辑就可以平衡。故不列入讨论。

而“三率”检查中，对于这些系统重视不够。

### （3）重要参数指标重视不够

电厂自动调节系统里，一些指标非常重要，而另外一些指标的重要性就相对小一些。比如汽包水位波动范围、主汽压力波动范围、主汽温度波动范围、符合波动范围等一些参数。这些参数波动的范围一方面影响着机组的安全性和经济性，另一方面是衡量自动调节系统的一个重要依据。但是，“三率”终究没有对这些参数的考核。

## 2. 自动调节系统对电厂的经济性安全性的影响

自动调节系统对电厂的经济性和安全性是有很大影响的。而且，现在的新建机组大多考虑了对人员数量的要求。那么只有自动调节系统投入得好，才有可能精简人员。否则，运行人员在各个参数之间疲于应付，不光要影响经济性，也要影响机组的安全性的。

下面，就几个重要系统，试分析其经济性和安全性。

### （1）汽包水位调节系统

该系统是电厂最重要的自动调节系统之一，汽包水位也是锅炉重要参数之一。锅炉操作人员也在很大程度上予以关注。如果汽包水位过高，将会引起过热蒸汽带水甚至满水。使得蒸汽品质恶化，汽轮机叶片遭受冲击；汽包水位过低，将会干锅，破坏水循环，甚至烧坏水冷壁。

有的电厂给水泵-执行机构线性曲线不够理想。有个单位，开度在50%左右，每改变1%的开度，给水流量变化＞30t/h，而过了这个区域，流量只变化10～20t/h。如果此时自动投入情况不好，那么会给运行调节带来很大的麻烦，甚至有操作失误的可能。操作失误带来的可能就是汽包“干锅”或者蒸汽带水甚至满水。危害是很大的。

### （2）主汽压力自动调节系统

许多情况下，都把该系统归入了协调控制系统之内。因为这个系统非常重要，所以我们把它单列出来。因为主汽压力控制的是给粉量，因而对炉膛燃烧影响比较大。主汽压力不稳定的话，带来的影响是多个环节的。首先要影响机组负荷，其次要影响一、二次蒸汽温度，使得这些参数波动。有些锅炉，比如武汉的135MW440T/h锅炉，主汽压力波动会引起一次气温大幅度波动。

另外一个方面，如果主汽压力波动过大，还会影响到整个机组的安全性。目前电厂机组的安全保护工作已经做得很完善，汽压超高的话，会有相应的安全阀及旁路系统动作，以降低汽压。但是，一方面对空排气噪声扰民，另一方面也会降低经济性。

好的主汽压力调节系统除了参数稳定以外，至少可以做到汽压极少超高甚至不超高。

### （3）汽温自动调节系统

汽温自动调节系统包含若干个系统，根据各个机组的情况而定。大的方面，分为一次汽温和二次汽温自动调节系统。一般来说，共包括如下几套系统：一级减温系统两套，二级减温系统两套，一级再热减温系统两套，二级再热减温系统两套。共八套自动调节系统。再热减温根据各机组情况有所不同。

汽温系统是在经济性和安全性之间的平衡。主汽温度过高，过热蒸汽管道、阀门、汽机喷嘴、叶片等设备和部件的钢材，就会存在加速蠕变的可能。严重的超温，甚至可能使得锅炉爆管；反之主汽温度过低，又会影响机组的经济性。"对于亚临界、超临界机组，过热汽每降低 10℃，发电煤耗将增加约 1.0g 标煤/(kWh)。再热气温每降低 10℃，发电煤耗将增加约 0.8g 标煤/(kWh)"。另外一种表述是："大约每降低 5℃，热效率会下降 1%"。对于不同容量的机组，影响情况可能会有所改变。

### （4）协调控制

协调控制可以综合平衡机组负荷和主汽压力等波动的因素，对机、炉参数进行综合协调地控制。最终使得负荷和汽压都能够安全平稳的运行。尤其是在机炉有较大扰动的时候，比如升降负荷、汽压波动等情况下，协调系统能够使得各项参数都波动不大。协调控制是火电厂最复杂的调节系统。

### （5）磨煤机综合调节系统

目前来说，国内这个系统尚不成熟。在磨煤机内实时存煤量、各风门及参数的自动控制方面，还存在着诸多问题，以待克服。有许多厂家或者研究单位在这方面都做了许多工作。但是笔者尚未发现完全成熟的能应用到各火电厂的系统产品。

笔者首次提出，将整个制粉系统的控制，列入一个"综合自动调节系统"来看待。因为其中许多参数、设备互相耦合，互相干扰，非要对整个系统进行综合考虑不可。故笔者认为这个提法是较为科学的。当然，这个系统一旦能够投入，将不仅仅是一套自动调节系统了。它是多个自动系统的统称。

该系统如果能够完全投入自动，磨煤机综合调节系统的优点是很多的，会影响到锅炉的安全性和经济性。首先，它可以促进磨煤机连续均匀地满足锅炉燃烧所需要的煤粉；将抵制粉单耗；防止煤粉自然、爆燃；减少锅炉运行人员工作强度等。

## 3. 自动调节系统设备及程序、参数的现状

目前，国内几乎所有的机组都采用了DCS控制系统。国外的系统运行可靠但价格昂贵；国内的系统价格低，但是运行和维护的工作量都比较大。现在从自动调节系统的角度，将国内机组的状况归纳如下。

① 机组、配套仪表设备、DCS系统、编制软件都采用进口知名设备。国外的自动调节系统成熟完备，并且各种仪表、执行机构运行可靠，机构线性良好，各种参数设置合理。综合各种因素考虑，这样的机组运行可靠高效，各种自动调节系统设计合理，运行可靠。但是投资也是相当高昂的。

② 国产机组、进口仪表及设备、进口DCS系统，国内编制DCS程序。这一类企业往往采用国内专业的程序编制人员，比如热工调试所等机构。他们有着成熟的自动调节系统程序编制经验，和相当的参数整定经验。但是在系统编程和调试阶段，有些时候相对粗糙。在以后的运行过程中，自动调节系统有可能存在一些问题。

③ 国产DCS系统。这些产品可能存在的问题较多，如设备

之间的匹配不够完善，阀门曲线不够合理，程序编制有可能会存在一些缺陷，参数整定也更为粗糙一些。

不管什么样的机组，维护人员还是国内的。目前，国内的维护人员更偏重于对DCS系统的学习，很少有人去关注DCS程序的优化、参数的整定。因而造成了国内自动调节系统质量参差不齐、参数整定稍显陌生的现状。一般来说，所有国内企业的自动调节系统整体是比较可靠的。很少甚至不会出现汽包水位偏差过大，蒸汽超压安全阀动作等极端的情况。但是，这不能说明自动调节系统是非常合理的。

自动调节系统存在着各种问题。这些问题有些是外在的，比如与设计煤种偏差大、设备之间匹配不够合理、阀门或者机构曲线不够理想等问题。这些问题很难改变，但是还有一些问题是可以努力的。下面就我们可以努力的问题作一个探讨。

## 4. 难题与重点

对于火电厂自动调节系统，目前存在的难题，从大的方面可以归结为四个部分。

### （1）外部因素

系统问题可以视为固有问题。这些问题已然存在，往往跟整个机组的情况联系在一起，很难改正，或者改正费用很高。从大环境来说，它们中的一部分问题是不可以弥补的；从自动调节系统来说，有的可以通过对控制策略的优化、参数的优化整定，得以弥补。比如煤种与设计偏差过大，液力耦合器线性不好等问题。

### （2）控制策略问题

一般来说正在运行的自动调节系统，其控制策略都是国内较为成熟的。理论上也都有足够的依据。一般来说，不需要做过多的修改。但是每个电厂都有自己的独特的问题存在，针对这些问题，有些时候，必须要对控制策略进行优化不可，否则，自动调节系统就不能很好的运行，被调量的运行情况就不能很平稳。

### （3）参数整定问题

电厂的大部分自动调节系统，参数整定都不存在太大的困难。从安全角度讲，一般都没有太大问题。但是，大部分系统的PID参数都有优化的空间。其中，有些系统即使不优化，也不会存在太大问题，既不会影响安全性，也不会影响经济性；也有一些系统的PID参数，如果不优化，存在的问题是潜在的，不明显的。比如高低加水位调节系统，对该系统做初步的参数整定即可，即使高低加水位波动稍为大一点，也不会影响系统的安全性和经济性。潜在问题是执行机构动作次数可能会稍微频繁一点。还有一些系统，如主汽温度系统，如果不认真进行参数整定，主汽温度就会超差，系统的经济性就可能受到影响。

### （4）执行机构问题

执行机构存在最多的问题有：空行程（死区），回差，线性不好，阀门漏流等。对于重要的执行机构，如给水泵勺管、减温水执行机构等，需要用性能优良、质量可靠的产品，并且从执行器到连杆到阀门（液耦），每个环节都要性能良好，否则对调解质量会产生很大的干扰。

上面只是从大的方面，总体阐述影响调节质量的因素。这种阐述针对性不够强。各电厂、各个系统都有各自的问题。下面从系统的方面，根据以上所说的各个主要调节系统，来阐述其存在的主要问题。

### （1）汽包水位自动调节系统

该系统从理论上说，已经相当成熟。一般来说，我们不需要对控制策略做任何改动，就可以足够胜任自动调节任务。但是问题还是有的。比如有的液力耦合与执行机构，因设计生产的问题，会出现一些线性不好的情况。如前面已经提到：有的单位，在 50% 开度左右，每改变 1% 的开度，给水流量变化>30t/h，而过了这个区域，流量只变化 10～20t/h。液耦部分因为设备价格昂贵，我们已经不可能对这些地方做优化修改，甚至更换。那么也许会有人要从控制策略入手。而我们的 DCS 系统偏偏不支持在线修改，并且，PID 参数整定还大有可为。那么我们为什么不从最为直接简单的方面入手呢？事实证明，单纯修改 PID 参数，以及一些控制策略中的系数，是完全可以做得到的。

一般来说，一些人过于强调积分作用，导致该系统调节品质不能提高。

所以，一个系统的调节质量的高低，除了外部原因以外，最直接最快速最简便的方法，首先是参数整定，然后才是其他。

### （2）主汽压力自动调节系统

该系统也有着非常成熟的控制理论：能量平衡公式。也有的协调控制采用间接能量平衡系统。但是在协调退出时，还以能量平衡公式的理论为主汽压力控制方式。

该系统通过控制进入炉膛的煤粉量，来达到控制主汽压力的目的。这个理论是相当成熟可靠的。我们也没有必要对控制策略进行修改。

一般来说，对于该系统，许多人不能大胆地加强副调的比例作用，导致调节品质不够太高。

### （3）一次汽温自动调节系统

对于通常情况下的一次汽温控制，该系统的理论也是成熟的。或者用导前微分单回路调节系统，或者用串级调节系统。

提醒维护工作者注意的是，用导前微分的时候，要注意 PID 输出的抖动，可能会导致执行机构动作过频；用串级调节系统的时候，要注意区分在主信号和超前信号之间的侧重点。

但是，该系统在国内机组中，问题是最多的。

首先是外扰。当机组负荷快速、大幅度变动的时候，有些机组的一次汽温自动受到很大影响，无论怎样调解，都无法克服扰动。这时，就有必要对控制策略进行改造，以克服外扰。

其次是内扰。有些锅炉设计的磨煤机数量少，单台磨煤机功率很大；也有的锅炉三次风带粉严重。在制粉系统启停的时候，它们都给给汽温带来很大的扰动。这个时候，超前气温和主汽温的变化趋势往往不相吻合。超前信号不能起到超前的作用，反而是一种干扰。超前信号又不能完全舍去，因为平常时候还能用。这时候，传统的串级或者导前微分调节系统的局限性就显示出来了。需要针对内扰进行修改控制策略。

### （4）二次汽温自动调节系统

二次汽温比一次汽温控制更为复杂，更为困难。有的电厂只采用减温水调节温度。这样做的好处是，温度控制相对简单容易。缺点是一部分给水泵出口的水，没有经过高压缸做功，因而降低了经济性。“对于亚临界机组，每喷入 1% 的减温水，发电煤耗降低约 0.4～0.6g 标煤/(kWh)”。因而目前越来越多的机组采用别的办法调节再热汽温。常用的方法有：用烟风挡板调节，烟气再循环与热风喷射，摆动式燃烧器等。

许多电厂用烟风挡板调节再热汽温的效果不够理想。烟风挡板的调节影响了锅炉内烟气的流动情况，有造成左右侧一次汽温不均衡的可能。并且，因为烟风挡板干扰了烟气的流速，造成一次汽温扰动。烟风挡板造成的烟气流速扰动首先作用在一次汽温主信号上，然后才是一次汽温的超前信号。这样就给一次汽温的自动控制造成了非常大的困难。

### （5）协调控制

相信协调控制的理论也是很成熟的。并且，只要主汽压力和负荷控制得稳，协调问题不大。需要提醒的是：如果负荷因参数设置不当而波动，有的机组要在比例和积分作用之间平衡。一般来说，微分作用可以忽略。

## 5. 行业考核的主要参数

在衡量一个电厂自动投入的情况时，不能笼统地把自动投入率作为火力发电厂的一个考核指标。应对一些重要的自动调节系统的重要参数进行比较。

### （1）汽包水位自动调节系统

主要参数：汽包水位波动范围。参见相关标准。

次要参数：执行机构动作次数。一般每分钟波动不超过 7、8 次。好的自动甚至可以达到每分钟只动作一次。

### （2）主汽压力自动调节系统

主要参数：主汽压力波动范围。参见相关标准。好的系统可以达到在额定值 ± 0. 1MPa 范围之内。

次要参数：PID 输出调节曲线不能有毛刺（需要具体讨论）。

给粉机转速波动范围不能太大（需要具体讨论）。

### （3）一次汽温自动调节系统

主要参数：主汽温度波动范围。参见相关标准。

次要参数：执行机构动作次数。一般每分钟波动不超过 7、8 次。

### （4）协调控制系统

主要参数：主汽压力波动范围。参见相关标准。

负荷波动范围。参见相关标准。

次要参数：负荷相应 AGC 能力。（需要具体讨论）

其他，如磨煤机综合自动调节系统、高低加水位、凝结期水位、除氧器压力水位、炉膛负压等系统，都应该对各调节系统的参数进行考核。同时根据个电厂的具体情况相应对待。有的电厂某个自动不好用的时候，最好考核小组能给出具体的优化建议。或者根据情况列出一些难点，号召大家集思广益，经过讨论或者实践，得出更好的办法。

Chapter 4

# 第四章 自动调节系统设备问题

## 一、执行机构的种类

狭义上说，执行机构就是执行器，侧重于机械方面的含义。它包括控制、限位、电机、减速、传动、反馈、力矩保护等几个主要部分，现代智能执行器又包含了伺服、变频、程控等功能，有的智能执行器内甚至包含了信号处理和 PID 运算。

广义上，把所有自动调节系统的执行单元都认为是执行机构的话，那么它又可以分很多种类。

以机械控制为主的有调速汽门；

以电气控制为主的有变频器、继电器、固态继电器、双向晶闸管、电炉丝或其他发热装置等。

机械控制和电气控制相结合的有电磁阀、给粉机和下料装置等。

以控制方式分类，包括控制开度、转速、可控硅导通角、PMW（占空比）、位移、速度、力矩、通断等。

从阀门种类来说，包括调节阀、开关阀。

这里需要专门说一说开关阀。有人会问：开关阀怎么实现自动调节功能？举最常用的例子来说，有一种虽然称不上阀门但是可以用开关方式调节的“执行机构”——双向晶闸管控制加热装置。也有的把双向晶闸管叫双向电子开关。晶闸管的导通频率可以相当大，每秒钟可以完成 10 多次通断的动作，我们把晶闸管的每分钟或者每秒钟导通的时间除以分钟或秒，称之为占空比。用 PID 来调节占空比，同样也可以达到自动调节的目的。现在，用这种方法控制加热丝以调节温度的方法应用相当普遍，效果也非常之好。一般控制精度可以达到 ±1℃之内。

在真正的调节阀应用上，有的调节阀门直径非常细，小于 10mm，这样的调节阀调节起来很麻烦，也很难找到直径这么小的阀门线性还能保持很好的调节阀。有人就利用占空比的控制原理，用气动阀门控制调节阀。这个利用占空比原理调节的气动阀门就是开关阀。

## 二、执行器误动作怎么办？

① 看 DCS 输出曲线，指令有变化么？有——DCS 问题；无——硬件问题。

② 更换输出卡件或者通道（误动作通道与正常通道更换），看故障还出现么？无——卡件故障，有——往下。

③ 如果执行器指令是模拟量，往下，否，转到第⑪条。

④ 执行器有断信号保护么？无——检查两端接线端子和电缆，有——往下。

⑤ 检查控制模块，更换，好——控制模块坏，否则，往下。

⑥ 位置反馈偶尔卡瑟在较高位置，更换主电位器，好——解决，否则，往下。

⑦ 控制回路存在干扰，检查屏蔽线，好——解决，否则，往下。

⑧ 阀门别劲，强制执行器动作（在角行程存在几率偏大），否则往下。

⑨ 执行器控制线路坏，否则往下。

⑩ 没有别的可能了，呵呵。

⑪ DCS 输出继电器粘接，更换继电器，否则往下。

⑫ 执行器控制模块更换，否则往第⑥。

## 三、阀门线性

调节阀的流量特性，是指介质流过阀门的流量，与阀门的开度之间的对应关系，也称调节阀的静态特性。调节阀门的线性，是自动调节的一个不可忽视的问题。一般来说，阀门的线性可以包括四种：直线型、等百分比型、抛物线型、快开型。

这四种阀门特性在阀门设备方面的实现，完全与阀芯的形状

有关。图 4-1 是四种流量特性的阀门形状。

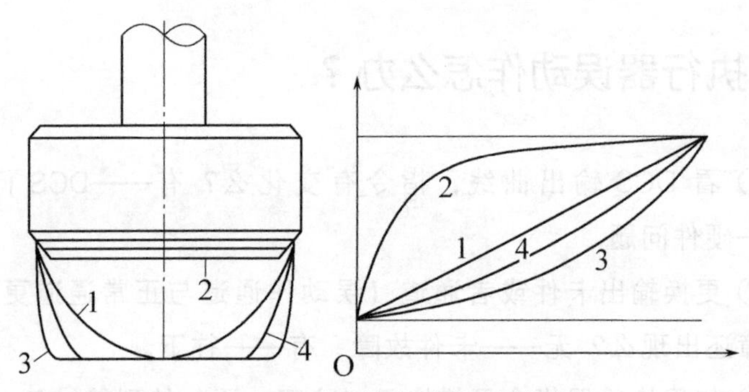


图 4-1 阀门形状和流量特性曲线

1—直线型；2—快开型；3—等百分比型；4—抛物线型

考虑到阀门有漏流，所以其零点上移。在实际应用中，工况复杂，流量特性变化很大。

## 1. 直线型

阀门的开度 $h$ 与阀门的质量流量 $G$ 成正比关系。即：

$$G = Ch + G_m$$

式中 $C$——常数；

$G_m$——阀门的最小流量。调节系统中，一般 $G_m = 0$。

直线型调节阀不管阀门在多大开度，当阀门开度改变的时候，引起的流量变化的绝对值基本不变。

假如行程为 10mm 的阀门，最大流量是 10t/h，阀门最小流量为 0t/h。直线型的阀门在开 10% 的时候，阀门位置是 1mm，流量是：

10×10% = 1t/h；

阀门开度为 50% 的时候，阀门位置是 5mm，流量为 10×50% = 5t/h。

直线型阀门的好处是，不管阀门开度为多少，流量变化比较固定。

直线型的适用场合一般有以下几个条件：

① 管道压力变化小，几乎恒定；

② 工艺系统的主要参数变化呈线性，也就是说有多大的流量就会对被调量有多大比例的影响；

③ 改变开度的时候，阀前后的差压变化较小。小的差压变化可以保证阀门保持直线型；

④ 外部干扰较小，可调范围较小。

直线型的阀门线性如图 4-2 (a) 所示。

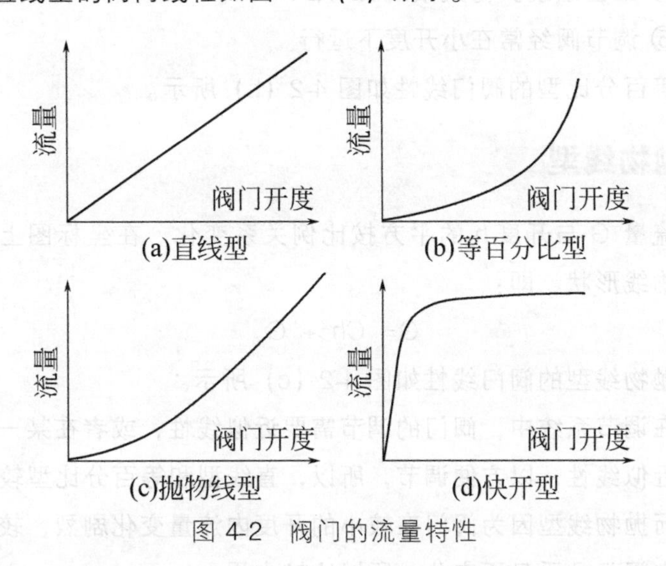


图 4-2 阀门的流量特性

## 2. 等百分比型

阀门质量流量 G 与开度 $h$ 始终呈固定的百分比关系。即：

$$dG/dh = CG$$

积分后得到：

$$H = 1/C \ln(G/G_m)$$

同样的，假如行程为 10mm 的阀门，最大流量是 10t/h 最小流量为 0t/h。当阀门开到 10% 的时候，其流量为：

$$10 \times 10\% \times 10\% = 0.1\text{t/h}$$

当阀门开到 50% 的时候，其流量为：

$$10 \times 50\% \times 50\% = 2.5\text{t/h}$$

等百分比型阀门的相对开度与流量呈对数关系，故也有的地方称等百分比型阀门为对数特性阀门。

等百分比型阀门的适用的场合为：

① 实际可调范围大；

② 开度变化，阀门前后的差压变化相对较大；

③ 管道系统压力损失大；

④ 工艺系统负荷大幅度波动；

⑤ 调节阀经常在小开度下运行。

等百分比型的阀门线性如图 4-2（b）所示。

### 3. 抛物线型

流量 $G$ 与开度 $h$ 的平方按比例关系变化。在坐标图上呈现出抛物线形状。即：

$$G = Ch^2 + G_m$$

抛物线型的阀门线性如图 4-2（c）所示。

在调节系统中，阀门的调节需要近似线性，或者在某一段开度内近似线性，以方便调节，所以，直线型和等百分比型较为常见。而抛物线型因为阀门在较小的开度内流量变化剧烈，较大的开度内阀门几乎又不变化，所以比较少用。

上面所说的选择阀门线性的方法仅仅为经验描述。下面介绍一些理论方法。首先搞明白几个概念：

① 内特性曲线：调节阀本身的特性曲线称为内特性曲线。

② 外特性曲线：除了该调节阀外，这个阀门所在管道系统的工作特性曲线。

可以看出：整个管道的阀门特性曲线是内特性曲线和外特性曲线的综合。

③ $S$ 值：调节阀在全开时候的压降 $pv$ 与整个管道系统（包括调节阀）压降 $\Delta p$ 的比值。即：

$$S = \Delta pv / \Delta p$$

$S$ 是选择阀门线性的一个重要指标。

当 $S \geqslant 0.8$ 的时候，说明加在调节阀上面的压降比较大，压降可以有效保证阀门近似为直线特性。

当 $S < 0.8$ 的时候，阀门前后的压差与整个管道的压差显得比重较小，阀门在一定开度下，流量要比线性开度的流量大。如果没有阀门自身的线型的约束，节流处的内特性曲线近似于抛物线。

当 $S \leqslant 0.4$ 的时候，流量更近似抛物线，流量上升的更快，所以，需要阀门线型来约束，使得流量更加线性。这时候等百分比曲线与抛物线的叠加，结果是的流量线型基本上近似于直线。

调节系统的波动的剧烈幅度大致可以分为三种：一是被调量与设定值的偏差大小；二是被调量波动的速度；三是干扰的大小和速度。在这三种情况下，我们需要针对波动的剧烈幅度进行可控制的调节，所以对于调节系统来说，我们希望在阀门的实际开度下，流量变化是均匀的，连续可调的。所以，我们选取阀门线形的依据，就是如何能够使得实际流量与阀门实际开度成固定的比例关系，在坐标图上更像直线。这就是我们对阀门选型的基本思想和依据。

## 四、汽包水位三取中还是三平均

前面说过，自动调节系统对信号的要求是趋势准确，而对信号本身的准确度方面要求不大。可是对于热工测量来说，汽包水位又是最重要的参数之一，在 DCS 中，一般把测量信号既做调节用，又做显示和保护用，所以对汽包水位测量的准确度和精确度方面就要求很严格了。

目前，一般汽包水位都采用三个平衡容器采集差压信号，然后对三个信号进行处理。压力温度的修正就不说了。三信号处理的方法有三取中和三平均两种。

现在有许多人都关注这个问题。那么到底应该三平均还是三取中呢？我觉得还要进行详细分析和采取办法。

## 1. 三取中的优劣

* 当汽包水位发生左右侧发生测量偏差的时候，三取中比较能够反映汽包水位的真实性。（好）

* 当其中一个信号特别大或者特别小的时候，三取中的结果不会受到太大影响。（好）

* 当其中一个信号故障的时候，如果该信号突然到零或者最大，三取中会自动选取正常的一个，三取中的结果使得信号波动很小。但是还会有波动的。（不太好）

* 如果三个信号偏差很大，其中一个信号发生故障，会使得三取中的结果波动也较大。（差）

## 2. 三取平均的优劣

* 当三个信号偏差较大的时候，三取平均可能会较真实地反应汽包水位。（好）

* 当其中一个信号特别大或者特别小的时候，三取平均的准确度会受到较大影响。（差）

* 当其中一个信号故障的时候，三取平均的结果会受影响更大。（差）

## 3. 故障切换

当一个信号超出预设值的时候，我们把这个信号不是废弃不用，而是让它自动等于某个值。

等于谁呢？

有三个选择：等于切换之前的那个值；等于三取中或者三平均的结果；等于规定值。

如果这个信号是缓慢变化到达切换值的，那么切换的时候，保持这个值最合适，因为它对自动调节系统的结果干扰最小。

如果这个信号是突然达到切换值的，那么切换的时候，保持这个值最合适，因为它对自动调节系统的结果干扰最小。

是不是理所当然地保持切换之前的值最合适了呢？对自动调节系统来说是的。

但是这个值有个问题：它掩盖了故障，需要用报警功能来检查潜在的故障。

好了。到底是三取中还是三平均呢？咱们的结论是，三取中也好，三平均也行。

前提是：如果要三平均的话，要对故障信号进行一个处理。这样的话，三平均让自动调节系统运行稍微显得更平稳，三取中让保护稍微显得更可靠。

## 五、汽包水位变送器测量误差问题的消除

2009年笔者所在的电厂机组进行小修。小修后点炉的过程中发现，三个汽包水位变送器误差很大。有两个水位40mm，另外一个是-80mm，并且三个数值波动都很大。在检查消除缺陷的过程中，促使我们对整个测量管路进行思考检查，加深了对一些问题的印象和看法。现将分析检查的经过详细叙述如下。

第一项：点炉上水时候，表管排汽。

偏差与波动原因分析：数值波动可能是因为表管内存在气泡。变送器刚校验并经过严格的验收检验，可以排除变送器校验误差的可能。其中汽包水位2严重偏低，可能是因为其中一个负压侧气泡更多。

汽包上水时，为了防止测量表管带气，当汽包压力上升到0.2MPa时，我们把三个变送器放气门打开，放水。防水过程中，发现汽包水位变送器1、2放水情况正常。而变送器3在放水时候，起初发现有较多的空气，后来正负压侧均放出大量湿气体。而且湿气体似乎放不完。

正压侧连接的湿汽包的顶部，在放尽表管内的水后，再放应该都是湿蒸汽，这个可以理解。而负压侧连接的是汽包的底部，

表管内的水应该放不完的。这个现象似乎不大正常。

当时分析原因为：先打开的是汽包水位变送器 1、2，最后打开变送器 3，而当时汽包压力正处于上升阶段，当打开第三个变送器时，压力已经升高到 0.6MPa，温度大约 200℃。打开放水门后，管道内的水压力温度都比较高，突然释放到大气内，可能会成蒸汽喷射状态。我们所看到的大量湿气体，可能是蒸汽的喷射。如果关闭放水门，表管内水柱会快速上升。正压侧的平衡容器在几个小时内也会凝结完毕。如果上面分析得不错，可能几个小时后，三个水位变送器就会恢复正常显示。

第二项：消除缺陷，分析故障原因

四个小时后，发现汽包水位 1、2 之间偏差很小，汽包水位 3 与 1、2 的偏差反而增加了，在 1、2 为 40mm 时候，3 是 - 120mm，并且 3 波动还是很大。

经过认真分析，认为第一步的分析可能有误。当时喷射的大量湿气体可能就是含有空气的气体。那么，为什么负压侧也能放出湿气体呢？为了分析清楚原因，我们画出了汽包水位测量的原理图，如图4-3所示。

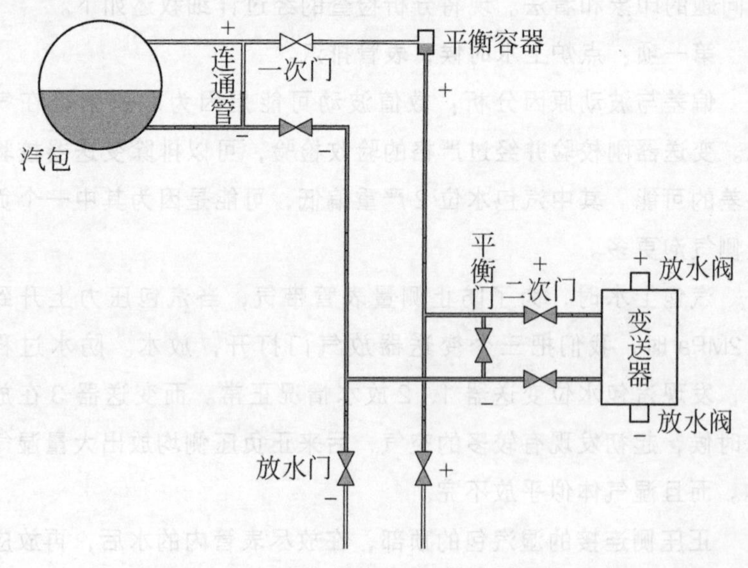


图 4-3 汽包水位单室平衡容器测量原理图

经过再次分析，我们认为：前面喷射的湿汽体，应该是包含着大量空气的蒸汽。投入使用后，水位偏低更大是因为负压侧表管内还含有大量气泡。而负压侧之所以也能放出湿气体，分析原因如下：

可能在连通管之前的负压管道稍微堵塞（图 4-4 中的可能含点），放水的时候，因为负压侧堵塞点阻力增大，而正压侧蒸汽通过连通管进入负压侧，所以负压侧很容易就排放出了大量含气泡的蒸汽。

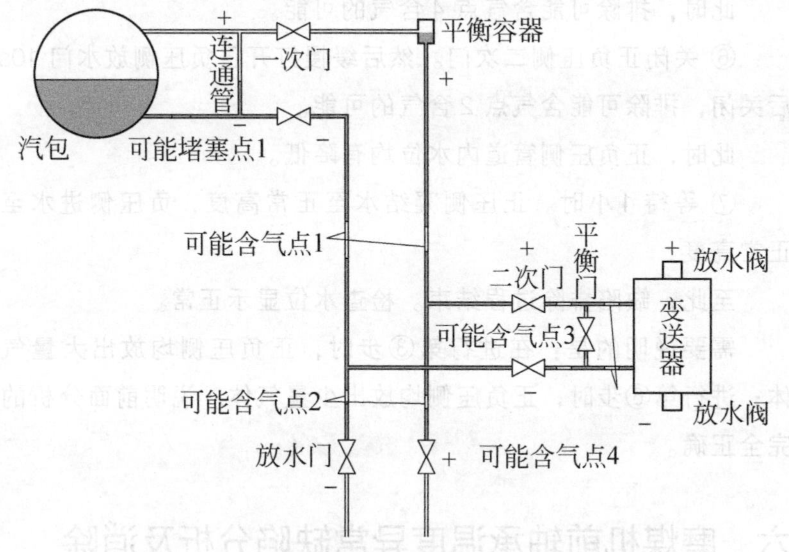


图 4-4　经过分析的可能含气点和可能堵塞点

本着这个推断，我们提出了新的消除缺陷的方法：

① 首先判断可能阻塞点和可能含气点，如图 4-4 所示。

② 关闭放水门，关闭二次门，打开平衡容器，然后拆掉变送器。

③ 打开二次门放水。排空正负压侧管道内所有水和气体。此时可能含气点 1、3、4 均为湿汽。

④ 关闭一次门正压侧，连接变送器，打开平衡门，打开正压侧二次门，打开负压侧二次门，等待 2 小时。刚进行这一步骤的时候，汽包内的水通过堵塞点 1，排挤含水湿汽，并充满负压

Chapter 4 第四章 自动调节系统设备问题

侧管道；然后水通过平衡门进入正压侧管道下部，然后排挤湿汽，最终正压侧管道由负压管道充水，直到正压侧管道内水位与汽包水位持平。

这一步最为关键！

此时可能含气点1、3均排除含气的可能。

⑤ 打开正压侧一次门，关闭二次门，然后打开二次门半圈(很重要，降低汽包压力)，关闭平衡门。然后依次打开变送器放水阀排水10s后关闭。

此时，排除可能含气点4含气的可能。

⑥ 关闭正负压侧二次门。然后缓慢打开正负压侧放水门10s后关闭，排除可能含气点2含气的可能。

此时，正负压侧管道内水位均有降低。

⑦ 等待1小时。正压侧凝结水至正常高度，负压侧进水至正常高度。

至此，缺陷排除过程结束。检查水位显示正常。

需要说明的是：在进行第③步时，正负压侧均放出大量气体；进行第⑥步时，正负压侧均放出少量气体。说明前面分析的完全正确。

## 六、磨煤机前轴承温度异常缺陷分析及消除

某公司#2炉A磨煤机前轴承温度异常偏高，一周之内，由49℃升到53.8℃，并且有继续升高的趋势。如果继续发展，会造成温度保护动作停磨。

认真察看该温度测点的波动曲线，初步得出如下判断。

① 不像测点损坏。测点损坏要么开路要么短路，数值会最大或者最小。并且该测点随着磨煤机的启停，温度也随之变化，趋势波动状况也很好。只是相比于其他磨煤机的启停，该测点始终比其他磨煤机要高10℃左右。可以得出初步结论：温度虽有异常，但是测点损坏的可能性不大。

② 不像回路中各接点接触不好。回路中各接点接触不好会出现几种情况：一是开路，数值会显示最大；二是短路，数值会显示到 0；三是时断时连，数值会忽大忽小，突变较大。察看测点趋势，均未发生上述情况。故初步判断，回路中各接点接触正常。

③ 经检验，不属于 DCS 卡件异常。如果卡件中该回路损坏，测点数值会到最大或者最小。所以确认卡件回路没有彻底损坏。但是不能排除卡件回路计算故障或漂移等故障。为此我们把该测点更换到其他可靠的回路，数值没有变化。证明卡件正常。

④ 不能排除测点位置异常。热电阻安装在在磨煤机前轴承箱内，有可能发生因为震动过大，热电阻位置改变，可能移动到相对更靠近轴承大瓦的高温区，导致温度偏高。

该测点的所有故障可能似乎都被罗列，惟有第④条可能性最大。可是要消除第④条故障，就要停磨，揭开磨煤机轴承前端盖，放掉高压油，测点位置也特别别扭，更换相当麻烦。

本着先检查简单故障点的原则，我们先排除了 DCS 卡件及卡件接线端子故障的可能。然后着手检查测点处的接线端子。

打开端子盖后，发现端子上积累煤灰严重，但是接线紧密牢靠。正要得出结论排除该点异常的可能的时候，笔者突然联想到 1 个月前曾经检查过该接线端子，会不会是当初检查的时候，因为煤灰积累，导致接线与端子间挤压有煤灰呢?煤属于半导体，有一定的电阻，接线与端子间积累的煤灰增大了测量电阻，而导致显示温度升高。反复推敲，觉得这种可能性比较大。

鉴于该端子处媒质发黏，不利于清理，干脆更换端子。然后检查 DCS 显示，一下子温度降低了大约 10℃。问题彻底解决。

结论：对于煤灰较大的区域，煤灰自身的接触电阻不可忽视。一方面我们在接线的时候，要注意对端子的卫生清理；另一方面发生故障后，可以朝煤灰的接触电阻方面考虑一下，拓展一个思路。

## 七、执行机构的选用与安装

在生产过程中，我们经常会遇到几个问题：怎样克服执行机构的堕走？是选用直行程执行器呢，还是选用角行程执行器？要搞清楚这个问题，我们先要搞明白几个问题。

### 1. 角行程、直行程的堕走与制动

角行程执行器目前都采用电机带动齿轮减速传动机构，齿轮又带动输出轴转动的方式进行工作。执行机构制动包含两个方面：一是执行机构自身产生的堕走，一是阀门侧施加外来力矩使得执行机构晃动。

#### （1）执行机构的堕走

电机转动会产生惯性，这个惯性产生的力矩一般较小。齿轮传动机构转动的时候也会产生惯性，这个惯性较大。齿轮的转动惯性与齿轮的转速、质量成正比。如果其中一个齿轮设计得较大，惯性就会增加。国产的 DKJ 执行器，其中一个齿轮都很大，产生惯性的最大成分，是由这个大齿轮转动产生的。

惯性带动输出轴产生超过控制指令的动作量，这个性质叫做执行器的堕走。堕走对控制是有害的。

① 执行器自身抑制堕走的能力

这个自身抑制堕走的能力，是指在非专门的制动机构作用下，依靠传动机构自身的传动过程中的摩擦力，和电机及传动机构的静止惯性，尤其是电机侧的摩擦和惯性，经过传动比的放大，具有的抑制堕走的能力。

执行器传动机构有三个基本作用：传动、减速、放大力矩。其中放大力矩既可以放大电机的动力力矩，又可以放大电机侧的摩擦和惯性力矩。惯性力矩中，分静止惯性和运动惯性。在电机启动和的瞬间，我们希望能够克服静止惯性；在电机结束动作

时，我们希望运动惯性越小越好；在执行器静止时候，我们希望静止惯性越大越好，以此可以克服外来干扰。

直行程执行器一般采用齿轮减速传动和蜗轮蜗杆机构相结合的传动方式。蜗轮蜗杆机构主要是为了把角位移转换成直线位移，同时由于蜗轮蜗杆机构本身的特性，又具备了自行制动的功能。众所周知，当蜗轮转动的时候，蜗轮带动蜗杆进行直线位移，当蜗轮停止转动的时候，即使蜗杆有一个强制位移的力量，这个力量也很难推动蜗轮转动。所以，蜗轮机构具有自身制动的功能。

但是这个功能是有限度的。

齿轮减速机构自身的转动惯性会传递给蜗轮，涡轮传递给蜗杆。所以直行程执行器中，齿轮减速机构的惯性问题会引起执行器的堕走。

角行程执行器多采用纯粹的齿轮盘传动，较少涡轮蜗杆机构。纯粹齿轮盘传动的制动能力较蜗轮蜗杆机构稍差一点。

无论蜗轮蜗杆机构还是纯粹齿轮盘传动，一般都应该安装专门的制动功能。

② 怎样克服执行机构的堕走

除了直行程的蜗轮蜗杆机构自身有克服堕走的功能外，我们还要专门设计克服堕走的功能。在设计方面，直行程与角行程克服堕走的方法基本上是一样的。总结起来有三种。

a. 机械制动

国产老式执行器在电机上设计安装一个刹车片，不管执行器是否动作，刹车片始终摩擦电机，依靠增加摩擦力产生制动。

该方法增大了电机的阻力，刹车片易因高温老化，属于较落后的制动方式。该方式在国内基本淘汰。

b. 电气制动

在电机停转的瞬间，给电机一个反方向的控制脉冲，达到让电机制动的目的。该技术思路多取自欧美。

c. 机械与电气综合制动

继续采用刹车片的方式，只是在电机转动的时候，发出指令控制刹车片抬起，停止的时候落下。该技术多取自欧美日。

d. 变频器自身的制动功能

该方法只有采用变频电机的执行器中采用。变频器输出的频率是固定的，电机转速可以控制在很小的范围内。

e. 无专门的制动功能

有些执行器生产厂家认为其传动比比较大，加上传动过程中的摩擦和电机及传动机构的静止惯性，尤其是电机侧的摩擦，经过传动比的放大，足以抑制执行器的堕走。因而有些厂家的执行器本身没有设计专门的制动功能。

### （2）克服阀门侧施加的外来干扰力矩

制动的目的有两个：一是为了克服执行器的堕走，二是为了克服阀门机构自身的晃动给执行器带来的摆动。我们这里称这种外来的力矩干扰为外来干扰。

对于外来干扰，我们一般无需采用制动措施，这与执行器内部的传动部分的特性有关。

无论是齿轮传动还是蜗轮蜗杆传动，其传动比都比较大，因而在上面说的克服执行器堕走的方法中，一般来说，第1、3种方法可以克服外来干扰。

可是也存在特殊情况。比如有的机械传动比比较小，加上传动的机械摩擦比较小，则有可能造成机械制动不能抑制外来干扰的情况。

## 2. 执行机构的连接

### （1）阀门与执行器的连接角度

在阀门与执行器连接的时候，要避免执行器和阀门的死角。如图 4-5 所示。

图 4-5 中（a）、（b）都是不正确的连接方法，都会产生死

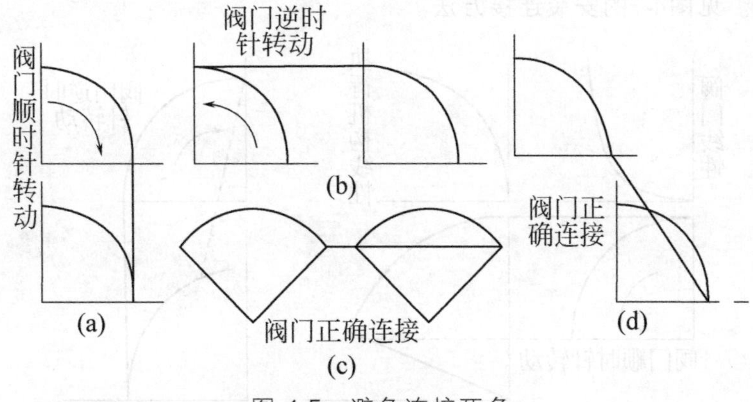


图 4-5 避免连接死角

角。(a) 中，阀门关闭位置执行器无法带动旋转；(b) 中，阀门关闭位置执行器无法带动旋转。最理想的连接方法应该是 (c) 和 (d)。

## (2) 直行程和角行程是否可以互换?

直行程，只要有输出伸缩轴，基本上都可以用角行程代替。角行程也基本上都可以改造成直行程。在连接时，可以依靠一个传动链来实现传动角度的转换。

一般来说，直行程要比角行程的线性要好。尤其是给水系统，要求线性较好，最好选用直行程。

为什么说角行程的线性较差呢? 因为角行程的开度与直线方向的行程不是直线型的，根据设计可以让开度越小线性越陡，越大越平缓；也可以让开度越大线性越陡。

但是，如果是比较有经验的工作人员，巧妙利用执行器的线性，和阀门线性，让它们巧妙的配合，会取得相互弥补的作用。

如图 4-6 所示，当阀门线性在接近 0% 的位置比较平缓的时候，我们可以利用执行器线性较陡的一部分，合理搭配，一定程度上弥补阀门线性的平缓问题，使得阀门曲线接近线性。

而当阀门在 0% 位置曲线较陡的时候，我们也可以合理搭配，一定程度上弥补阀门线性的平缓问题，使得阀门曲线接近线性。见图4-7的安装连接方法。

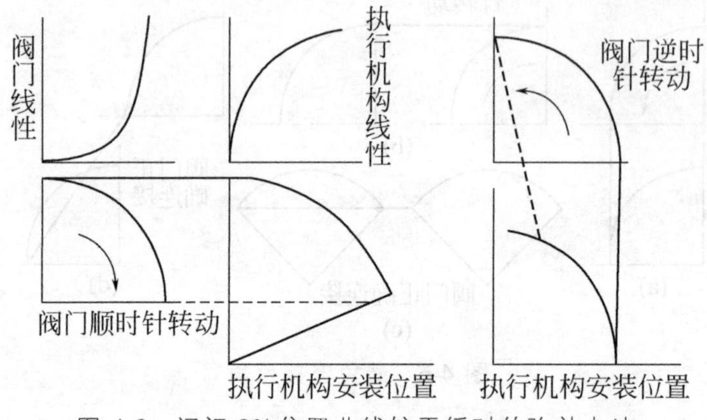


图 4-6 阀门 0% 位置曲线较平缓时的弥补办法

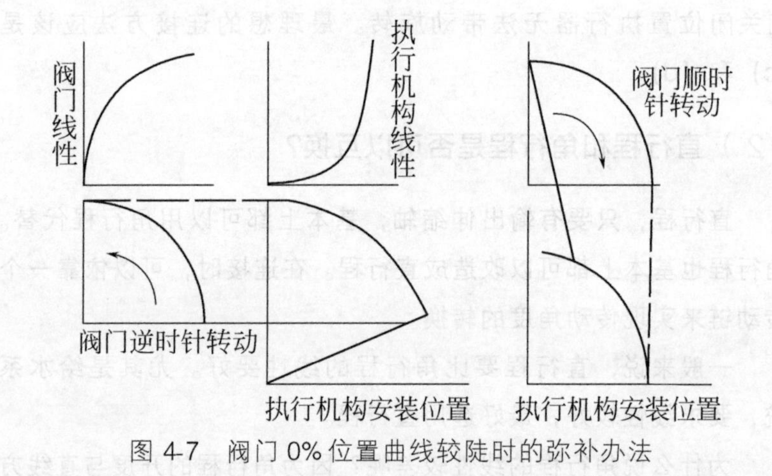


图 4-7 阀门 0% 位置曲线较陡时的弥补办法

## 自动调节系统中带直接流量反馈信号的特殊整定方法

一般人的概念中，对于积分作用，有两个看法是可以商榷的。

其一、积分时间是为了消除静态偏差的，只要能消除静态偏差，积分作用可以取消；由于副调无需抑制静态偏差，所以副调无需积分作用。[1]

其二、积分时间会带来调节延迟，所以过强的积分时间会造成负面影响，对调节效果反而有害。[2]

在实际的参数整定过程中，这个理论有一定的局限性，对于有直接流量反馈信号的调节系统，我们可以把积分时间增强十倍甚至数十倍。下面，咱们以给水调节系统和减温水调节系统为例来说明。

## 一、给水泵勺管阀门线性恶化后的汽包水位自动调节系统的整定方法

某厂家给水泵勺管调节起初线性较好，当时的参数是这样的：

---

[1]《热工自动控制系统》潘笑、潘维佳主编，中国电力出版社 2011 年第一版。第 61 页，原文：“副回路是一个随动系统…… 为了能快速跟随，副调节器最好不带积分作用。”

[2]《控制仪表及装置》吴勤勤主编，化学工业出版社第 3 版。第 14 页。原文：“由于积分输出时随时间积累而增大的，故控制动作缓慢，这样会造成控制不及时……”。《自动控制原理》潘丰，张开如主编，中国林业出版社 2006 年第一版。第二章 21 页：“积分调节只要有偏差，就有调节作用，直到偏差为 0，因此它能消除静态偏差，但积分作用过强，会使调节作用过强，引起被调参数超调，甚至产生振荡。”

| | 比例带 | 积分时间 | 微分时间 |
|---|---|---|---|
| 主调参数 | 100 | 130 | 0 |
| 副调参数 | 298 | 666 | 0 |

可以看出，这是一个常规的 PID 参数。

后来随着时间的推移，该给水泵勺管线性恶化越来越严重，最恶劣的时候阀门线性如下：

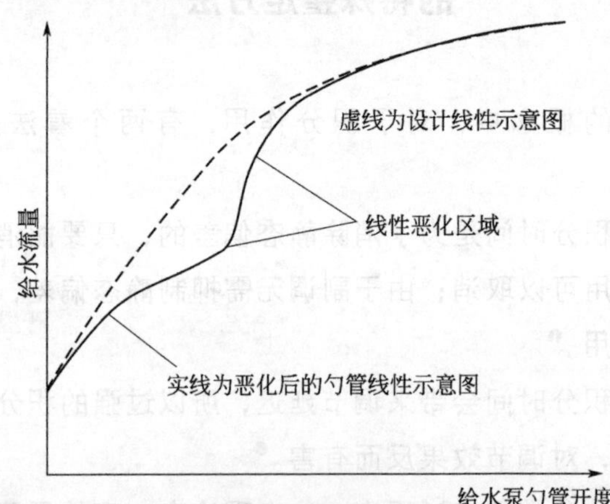


给水泵勺管线性示意图

由上图可以看到，大约开度在 50～65% 之间的时候，给水泵线性最陡，平均每开关 1%，给水泵流量要变化 30～40 吨/小时，这里我们把这个恶化了的区间暂时称为“危险区间”。而超过了这个区间，给水泵每开关 1%，给水泵流量变化 5～10 吨/小时，我们把危险区间之外的区间暂时称为“安全区间”。

这时候，汽包水位自动很难投入，常规参数已经不能满足要求。

笔者在网上查阅了相关资料，对于此类问题的最常用的办法是修改控制策略，或者是检修给水泵勺管，修正其线性。从已经收集到的论文来看，即使修改控制策略以后，调节效果也是很难令人满意的。

汽包水位三冲量自动调节系统是一款经典的调节系统，其控制策略几乎涵盖了各种扰动的因素，一般来说，无需对控制策略做任何修改。笔者注意到：目前所有收集到的修改汽包水位三冲量调节系统控制策略的方法，其调节效果都不能令人非常满意。

还有一种特殊的参数整定方法，基本思路是这样的：

汽包水位调节系统中，副调的作用是为了抑制内扰和外扰，那么我们可以把给水泵线性恶化作为一种内扰来对待。那么，当主调输出不变化的时候，不管是内扰还是外扰发生波动，副调都应该迅速调节，弥补这个扰动。如果不能弥补，那么我们就修改参数令其达到弥补的目的。

但是在这个系统中，我们不能过分修改比例带，因为这样要么在危险区间容易发生系统震荡，要么不能抑制安全区间的扰动。设置变参数的比例带的方法也不合适，因为从安全区间到危险区间之间，是一个渐变的过程。PID 调节系统的最大优势就在于其灵活性，一些机械规定调节方式的方法，是丢掉了 PID 调节的优势的。

我们将积分时间成倍加强。思路是这样的：让积分作用去快速地、但却是一点点地进行积分计算，使得输出快速而精细地调节，达到抑制内扰的目的。如果内扰没有被抑制，那么说明积分作用还不够快。

加快，加快，再加快。直到积分作用能够抑制内扰为止。

最终确定的调节参数是这样的：

| | 比例带 | 积分时间 | 微分时间 |
|---|---|---|---|
| 主调参数 | 100 | 130 | 0 |
| 副调参数 | 340 | 14 | 0 |

从前后的调节参数我们可以看到：副调的积分时间被加强了 40 倍。

经过长久的观察，发现这个方法调节效果非常好。常规情况下，调节系统的执行机构每分钟动作不超过 10 次。而我们新整定的给水泵勺管竟然可以达到平均每 2～3 分钟只动作一次。调节效果见下图。

最恶劣的工况是这样的：

该汽包水位调节系统经受了一次极恶劣工况的考验：汽轮机一侧主汽门突然关闭，主汽流量瞬间下降 1/4，负荷突降 1/3，主汽压力突增 1MPa；10 分钟后主汽门又突然打开主汽流量和机组负荷又发生突增。

附录

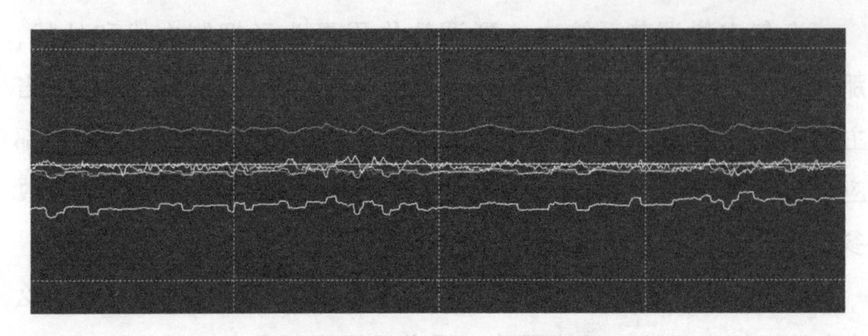

特殊参数1小时内控制效果截图

常规情况下，这样恶劣的工况，自动调节系统必然被切除到自动方式，并且汽包水位也会造成大幅度的波动，甚至有可能造成汽包水位保护动作而停炉的危险。

新整定的系统调节效果是这样的：汽包水位迅速克服虚假水位，水位最低下降到－49mm（当时设定值为39mm）。克服虚假水位后，水位向正方向波动到73mm。总体来说，汽包水位波动范围在－49～73mm之内。取得了良好的抗干扰效果。

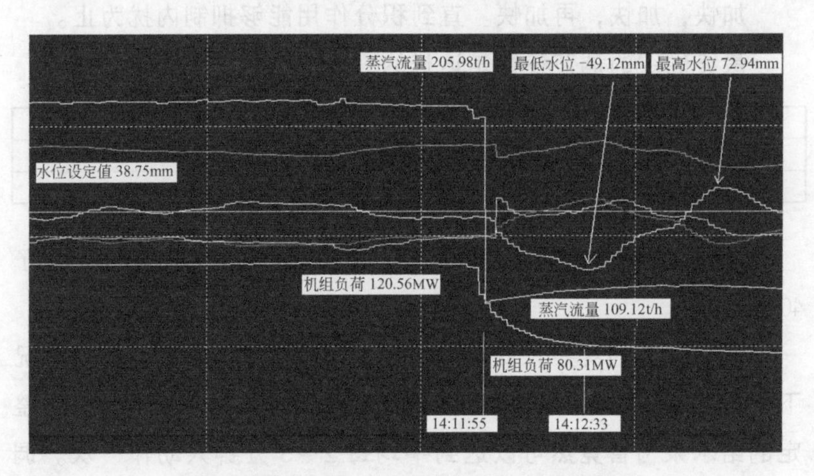


调门突然关闭时候，汽包水位抵抗干扰效果图

## 二、减温水流量调节阀门线性恶化后的减温水调节系统的整定方法

在火电厂，最容易恶化的调节阀门可能就是减温水调节阀

了。因为主汽温度直接影响着锅炉的经济性和安全性，减温水调节阀时刻在调节减温水流量，以控制主汽温度。

主汽温度控制由于干扰复杂，本来就难以控制，而当减温水调节阀线性恶化之后，该调节系统就更加难以控制了。

为了提高主汽温度的调节质量，提高锅炉效率，笔者是这样设想的：

既然我们可以依靠加强积分时间来达到抑制内扰的目的，那么我们可以强行把减温水流量归入内扰的范畴，然后修改控制策略，加入减温水这个信号，然后整定积分时间，来达到调节效果。

修改后的控制策略是这样的：

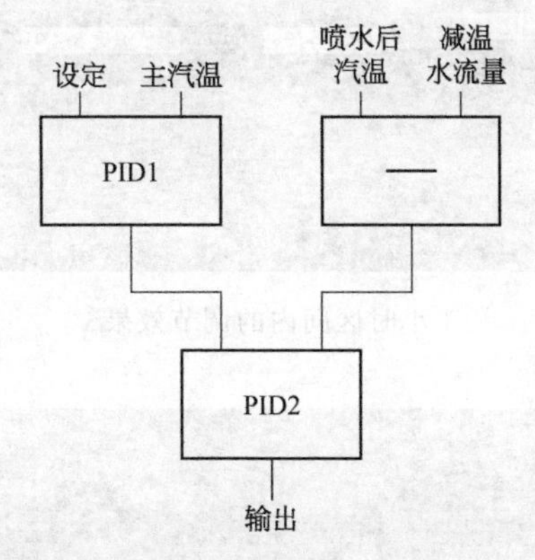


先分析正负作用：

如果减温水后汽温↑，则 PID2 入口副调测量↑，则 PID2 输入偏差 Δe2↓，则需要 PID2 出口增大，则 PID2 为副作用。

那么反推减温水流量反馈信号的正负：

设减温水流量信号为 +，则如果减温水流量↑，则 PID2 输入偏差 Δe2↓，则需要 PID2 出口增大。那么会引起系统震荡，所以减温水流量反馈信号应为负。所以控制策略中，应为喷水后汽温—减温水流量信号。

参数整定的基本方法同汽包水位类似。需要注意的是：由于增强了积分时间，执行机构可能处于不停的波动中，这样的话有可能导致执行器电机过热而烧坏。解决的办法是提高副调的死区。

即使如此，调节器的输出也是有一定斜率的。这个系统的执行机构不像给水泵勺管那样陡，而是较为平缓。那么，我们还要适当提高执行器的死区，避免执行机构频繁小幅度动作。

修改后的调节效果图见下图：

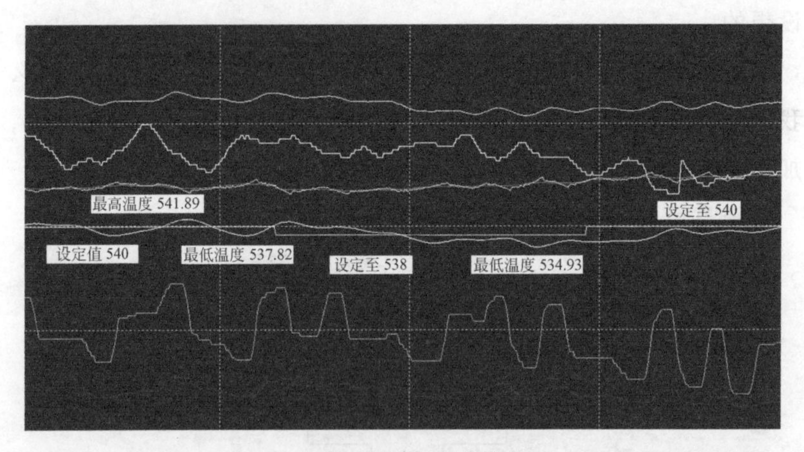


1 小时区间内的调节效果

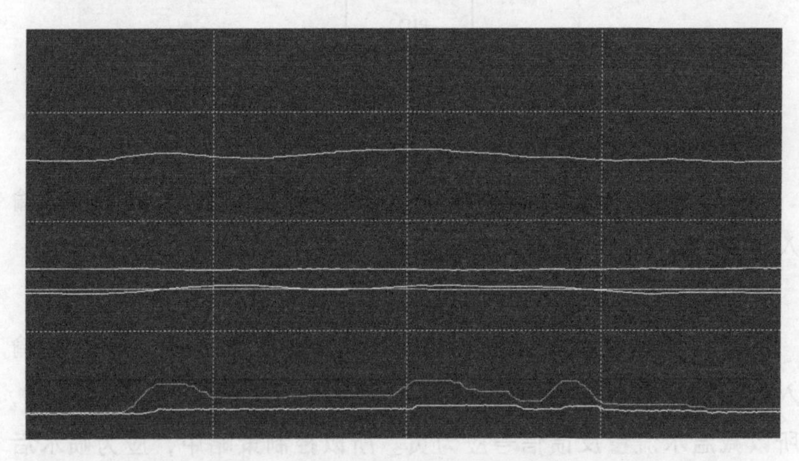

20 分钟区间内的调节效果

由上面两图可以看出：执行机构要么不动，要么一直动到减温水流量达到要求为止。

需要注意的是：积分时间和 PID2 的死区之间的参数配合一定要反复调试。

## 三、再说参数整定

参数整定是关键。

除了积分时间外，其他参数设置同串级减温水调节系统的参数设置。不同点如下。

减小副调的积分时间。要大胆减小。目的是：

① 当副调测量值发生改变时，则副调令积分时间持续发生作用，快速调节，一直调节到副调测量值等于主调输出方可；

② 当主调测量或者设定值发生改变时，则副调令积分时间持续发生作用，一直调节到副调测量值等于主调输出方可。

这一点大家可能不好理解。我们来重温积分的物理意义：

① 只要输入偏差不等于零，则积分就一直计算下去；

② 只有当输入偏差等于 0 的时候，积分输出才会不变化。

那么我们利用积分这个特殊的物理意义，让副调的输出要么不变化，要么一直变化到副调的输入为 0 为止。

这样会带来一个副作用：副调的输入绝对等于 0 的时候几乎不存在，那么会导致副调输出不断地计算变化，执行机构也会不停动作。

为了抑制副调动作过频，我们可以利用 PID2 的死区这个功能。提高 PID2 的死区，使得副调的输入偏差在一定范围内被漠视。

请大家注意：积分时间要足够快，快到让执行机构基本上一次动作到位的地步。同时也不能太快，因为从 DCS 输出，到执行机构动作，再到减温水流量变化之间是有时间延迟的，积分时间的动作速度要大于这个时间延迟，防止执行机构超调。

提醒大家：这个方法不是给刚入手的读者看的，刚入手的读者会因为思路过于复杂而迷惘，也会因为需要整定的参数过多（死区是个重要的整定值，需要不断在积分时间和死区之间衡量）而不知所措。笔者曾经与一些专业整定参数的人员沟通，他们对这个思路也一时难以理解，只有看了调节效果后才能接受。

正是由于不容易理解、超出常规思路、不容易整定，所以这个方法才叫做变态调节。

## 四、总结

我们可以把反馈信号分为直接反馈信号和间接反馈信号。

间接反馈信号即调节器的输出，控制执行机构动作，而使得受控对象发生改变，导致相关的被调量改变，这个被改变的被调量引入调节系统中，即为间接反馈信号。

比如减温水调节系统中的喷水减温水后温度，它是经过受控对象减温水调整后，改变了被调量蒸汽温度，然后收集到的减温水后蒸汽温度信号。这个信号与执行器输出之间，隔着一个减温水流量，因而可以说是间接反馈信号。

直接反馈信号即执行机构发生改变后，受控对象发生改变，受控对象直接引入调节系统中，这个信号即为直接反馈信号。

比如汽包水位三冲量的给水流量，为直接反馈信号（蒸汽流量为前馈信号）。减温水流量也是直接反馈信号。

通过前面两个例子，我们可以得出一个规律：

带有直接反馈信号的调节系统，其所在的 PID 调节器，可以令积分作用大大加强，以达到既快速抑制干扰，又精细调节的目的。

其主导思想是：调节器的输出要么不调节，要么一次调节到位。

上述整定方法可以达到常规 PID 整定方法达不到的效果，尤其对水位调节优点更为突出。总结其优点有三个。

① 调节效果稳定。

② 对执行机构线性的变化不敏感。

③ 抗干扰能力强。

所以，这个方法可以推广到所有带有直接反馈信号的调节系统中去。

同时，可以作为标准 PID 调节整定方法的一个补充。